中国ESG研究院文库

钱龙海　柳学信　主编

企业ESG
战略规划与实施

张晗　翟春娟　著

Corporate ESG
Strategic Planning and Implementation

Environmental — Social —————————————— Governance

机械工业出版社
CHINA MACHINE PRESS

ESG 是一种充分关注环境（Environmental）、社会（Social）和治理（Governance）等非财务因素的企业发展理念，体现了企业追求可持续发展的核心框架和内在要求。企业 ESG 战略规划与实施是一个系统过程，旨在将这一理念融入企业的战略、运营和文化中，以实现企业的可持续发展并提升企业价值。

本书探讨了企业践行 ESG 战略的动因、核心要义、ESG 战略规划及实施过程和企业 ESG 信息披露的流程，旨在指导企业将 ESG 有效融入企业发展战略，并推动企业创造长期价值和社会贡献。

图书在版编目（CIP）数据

企业ESG战略规划与实施 / 张晗，翟春娟著.
北京 ：机械工业出版社，2024. 11. -- （中国ESG研究院文库 / 钱龙海，柳学信主编）. -- ISBN 978-7-111-77017-6

Ⅰ．X322.2

中国国家版本馆CIP数据核字第2024F1U517号

机械工业出版社（北京市百万庄大街22号　邮政编码100037）
策划编辑：朱鹤楼　　　　　责任编辑：朱鹤楼　刘怡丹
责任校对：樊钟英　丁梦卓　责任印制：刘　媛
北京中科印刷有限公司印刷
2024年12月第1版第1次印刷
169mm×239mm·15印张·1插页·202千字
标准书号：ISBN 978-7-111-77017-6
定价：79.00元

电话服务　　　　　　　　　网络服务
客服电话：010-88361066　　机　工　官　网：www.cmpbook.com
　　　　　010-88379833　　机　工　官　博：weibo.com/cmp1952
　　　　　010-68326294　　金　书　网：www.golden-book.com
封底无防伪标均为盗版　　机工教育服务网：www.cmpedu.com

中国 ESG 研究院文库编委会

中国 ESG 研究院文库
总　序

环境、社会和治理是当今世界推动企业实现可持续发展的重要抓手，国际上将其称为 ESG。ESG 是环境（Environmental）、社会（Social）和治理（Governance）三个英文单词的首字母缩写，是企业履行环境、社会和治理责任的核心框架及评估体系。为了推动落实可持续发展理念，联合国全球契约组织（UNGC）于 2004 年提出了 ESG 概念，得到了各国监管机构及产业界的广泛认同，引起了一系列国际多双边组织的高度重视。ESG 将可持续发展的丰富内涵予以归纳整合，充分发挥政府、企业、金融机构等主体作用，依托市场化驱动机制，在推动企业落实低碳转型、实现可持续发展等方面形成了一整套具有可操作性的系统方法论。

当前，在我国大力发展 ESG 具有重大战略意义。一方面，ESG 是我国经济社会发展全面绿色转型的重要抓手。中央财经委员会第九次会议指出，实现碳达峰、碳中和"是一场广泛而深刻的经济社会系统性变革"，"是党中央经过深思熟虑做出的重大战略决策，事关中华民族永续发展和构建人类命运共同体"。为了如期实现 2030 年前碳达峰、2060 年前碳中和的目标，党的十九届五中全会做出"促进经济社会发展全面绿色转型"的重大部署。从全球范围来看，ESG 可持续发展理念与绿色低碳发展目标高度契合。经过十几年的不断完善，ESG 已经构建了一整套完备的指标体系，通过联合国全球契约组织等平台推动企业主动承诺改善环境绩效，推动金融机构的 ESG 投资活动改变被投企业行为。目前联合国全球契约组织已经聚集了1.2万余家领军企业，遵循ESG理念的投资机构管理的资产规模超过100万亿美元，汇聚成为推动绿色低碳发展的强大力量。积极推广ESG理念，建立ESG披露标准、完善ESG信息披露、促进企业ESG实践，充分发挥ESG投资在推动碳达峰、碳中和过程中的激励和约束作用，是我国经济社会发展全面绿色转型的重要抓手。

另一方面，ESG是我国参与全球经济治理的重要阵地。气候变化、极端天气是人类面临的共同挑战，贫富差距、种族歧视、公平正义、冲突对立是人类面临的重大课题。中国是一个发展中国家，发展不平衡不充分的问题还比较突出；中国也是一个世界大国，对国际社会负有大国责任。2021年7月1日，习近平总书记在庆祝中国共产党成立100周年大会上的重要讲话中强调，中国始终是世界和平的建设者、全球发展的贡献者、国际秩序的维护者，展现了负责任大国致力于构建人类命运共同体的坚定决心。大力发展ESG有利于更好地参与全球经济治理。

大力发展ESG需要打造ESG生态系统，充分协调政府、企业、投资机构及研究机构等各方关系，在各方共同努力下向全社会推广ESG理念。目前，国内已有多家专业研究机构关注绿色金融、可持续发展等主题。首都经济贸易大学作为北京市属重点研究型大学，拥有工商管理、应用经济、管理科学与工程和统计学四个一级学科博士学位点及博士后工作站，依托国家级重点学科"劳动经济学"、北京市高精尖学科"工商管理"、省部共建协同创新中心（北京市与教育部共建）等研究平台，长期致力于人口、资源与环境、职业安全与健康、企业社会责任、公司治理等ESG相关领域的研究，积累了大量科研成果。基于这些研究优势，首都经济贸易大学与第一创业证券股份有限公司、盈富泰克创业投资有限公司等机构于2020年7月联合发起成立了首都经济贸易大学中国ESG研究院（China Environmental, Social and Governance Institute，以下简称研究院）。研究院的宗旨是以高质量的科学研究促进中国企业 ESG 发展，通过科学研究、人才培养、国家智库和企业咨询服务协同发展，成为引领中国 ESG 研究和 ESG 成果开发转化的高端智库。

　　研究院自成立以来，在标准研制、科学研究、人才培养和社会服务方面取得了重要的进展。标准研制方面，研究院根据中国情境研究设计了中国特色 "1+N+X" 的 ESG 标准体系，牵头制定了国内首个 ESG 披露方面的团体标准《企业 ESG 披露指南》，并在 2024 年 4 月获国家标准委秘书处批准成立环境社会治理（ESG）标准化项目研究组，任召集单位；科学研究方面，围绕 ESG 关键理论问题出版专著 6 部，发布系列报告 8 项，在国内外期刊发表高水平学术论文 50 余篇；人才培养方面，成立国内首个企业可持续发展系，率先招收 ESG 方向的本科生、学术硕士、博士及 MBA；社会服务方面，研究院积极为企业、政府部门、行业协会提供咨询服务，为国家市场监督总局、北京市发展和改革委员会等相关部门提供智力支持，并连续主办 "中国 ESG 论坛" "教育部国际产学研用国际会议" 等会议，产生了较大的社会影响力。

　　近期，研究院将前期研究课题的最终成果进行了汇总整理，并以 "中国 ESG 研究院文库" 的形式出版。这套文库的出版，能够多角度、全方位地反映中国 ESG 实践与理论研究的最新进展和成果，既有利于全面推广 ESG 理念，又可以为政府部门制定 ESG 政策和企业发展 ESG 实践提供重要参考。

尚福林

前　言

ESG 是将环境（Environmental）、社会（Social）和治理（Governance）议题融入商业模式和管理体系的理念和方法论，鼓励企业从追求经济利益最大化到追求可持续价值最大化，是当今世界推动企业实现可持续发展的重要抓手。

在中国，ESG 正呈现出积极有力的发展态势。ESG 正在成为企业实现可持续发展的核心框架和内在要求。

企业的 ESG 战略规划与实施是一个系统过程，旨在将 ESG 原则融入企业的战略、运营和文化中，以实现企业的可持续发展并提升企业价值；以重构企业合法性与可持续性为逻辑基础，力图将环境、社会、治理三大可持续要素同企业的商业运行紧密结合。

中国 ESG 研究院推出《企业 ESG 战略规划与实施》一书，探讨了企业践行 ESG 战略的动因、核心要义、ESG 战略规划以及战略的实施过程和 ESG 信息披露流程，旨在指导企业将 ESG 有效融入企业发展战略，并推动企业的长期价值创造和社会贡献。

本书共分 9 章，要点如下：

第 1 章阐述企业践行 ESG 的意义，中国企业 ESG 实践的特色，以及企业 ESG 战略规划的目的、内涵和过程等，并对全书结构进行概括。

第 2 章介绍国外 ESG 发展历史，并在此基础上从政策、评级、披露、投资和国外企业的 ESG 实践五个维度进行阐述。

第 3 章呈现中国 ESG 实践概况，从信息披露、评级评价和金融投资，以及中国企业的 ESG 实践等方面进行阐述，并在此基础上对未来发展趋势进行了分析。

第 4 章探讨企业践行 ESG 战略的动因。从制度的规制、规范、认知三个维度分析了中国企业 ESG 实践，并进一步探讨了企业该如何构建 ESG 理念来应对 ESG 制度压力。

第 5 章聚焦企业践行 ESG 战略的核心要义，即共享价值创造。从 ESG 带给企业的经济价值和社会价值两个维度，探讨了企业如何实现共享价值创造，从而使企业转向更加综合平衡的发展。

第 6 章探讨 ESG 战略的践行规划。从理念的确立、影响因素的分析、战略的制定、绩效的评价四个部分呈现企业 ESG 战略的全部内容。

第 7 章聚焦 ESG 战略的实施过程，分为四个部分：构建 ESG 治理架构、建立 ESG 决策与汇报体系、实施 ESG 考核和开展 ESG 培训。

第 8 章探讨企业 ESG 信息披露，包括企业 ESG 信息披露动因、原则与标准、流程和与外界的沟通。

第 9 章介绍第一创业的 ESG 战略规划与实施案例。

希望本书能够为企业 ESG 相关从业人员、高校管理类相关专业的本科生和研究生以及对 ESG 领域感兴趣的读者提供有益的参考与启示。

目　录

第 3 章　ESG 在中国

企业ESG战略
规划与实施

第 4 章　ESG 战略的动因——制度

第 5 章　ESG 战略的核心要义——共享价值创造

第 6 章　ESG 战略的践行规划

第 7 章　企业 ESG 战略实施过程

第 9 章 案例：第一创业的 ESG 战略规划与实施

参考文献

企业ESG战略
规划与实施

第 1 章　总论

　　自 2004 年联合国正式提出 ESG 理念以来，在各界积极参与和推动下，ESG 已成为全球重要的投资策略及公司评价标准。ESG 理念的引入为绿色与经济可持续发展进一步开拓了空间。ESG 有望成为我国达成"双碳"目标，建立健全绿色低碳循环发展经济体系，促进经济社会发展全面绿色转型的有力抓手。

　　ESG 是一种关注企业环境、社会、治理绩效而非财务绩效的投资理念和企业评价标准。投资者可以通过观测企业 ESG 绩效，评估投资行为和企业（投资对象）在促进经济可持续发展、履行社会责任等方面的贡献。ESG 体现的是兼顾经济、环境、社会和治理效益的可持续发展价值观。虽然目前中国 ESG 实践尚处于初级阶段，但是其理念与我国"创新、协调、绿色、开放、共享"的新发展理念存在共同之处，并且 ESG 评价体系提供了一种具备可操作性的可持续发展评估工具，有助于我国可持续发展战略的深入推进。随着政府及市场主体对可持续发展理念的不断深入推进，ESG 也将迎来新的发展机遇。

　　企业在经济可持续发展过程中发挥着举足轻重的作用，将 ESG 战略融入企业经营符合未来发展趋势。企业 ESG 信息披露能够向大众展现企业在环境保护、公司治理等方面的表现，提高企业运行效率、帮助企业抵御风险，也能够吸引更多投资者，最终促进经济繁荣、和谐共生、持续发展。企业的 ESG 责任是国家推动可持续发展战略的重要抓手。从政府政策的引导到公众认知的提升，再到投资领域的引领撬动作用、企业自身的价值追求，等等，无一不在促使企业追求 ESG 发展模式。ESG 战略或将成为中国企业升级转型的必经之路——这既是中国经济高质量发展的内在要求，与新发展理念高度契合，也是企业谋求基业长青的必经之路。

1.1 企业践行 ESG 的意义

目前，ESG 已成为衡量企业发展的重要标准和评价指标，更是企业发展的必由之路。中国企业要实现高质量发展，提高企业内部效率和效益，需要通过 ESG 来提高企业的竞争力、创新能力和稳定性。此外，ESG 有助于中国企业与全球市场对接，解决中国当前面临的诸多环境、社会和治理问题，是中国企业向全球市场迈进的不二选择。从更广泛的程度来看，企业践行 ESG 对社会发展、企业自身进步以及全社会的价值提升有着重要意义。

1. 践行 ESG 是可持续发展的重要抓手

要做到可持续发展，就需要在发展经济、获取足够生活所需的资源和效益的前提下，尽可能保护环境，同时保证社会群体和个人尽可能公平地享受发展成果和环境福祉，以及构建可持续的社区模式和生活方式。而 ESG 作为一种关注企业环境、社会、公司治理绩效而非传统财务绩效的投资理念和企业评价标准，有助于使企业的可持续发展努力变得可衡量。将 ESG 理念和框架充分纳入可持续发展目标，是企业实现可持续发展的方法和路径。

党的十九届五中全会审议通过的《中共中央关于制定国民经济和社会发展第十四个五年规划和二〇三五年远景目标的建议》（以下简称《建议》）提出"促进经济社会发展全面绿色转型"。党的二十大报告指出，我们要加快发展方式绿色转型，推动形成绿色低碳的生产方式和生活方式。加快发展方式绿色转型也是实现高质量发展的应有之义，就是要改变以往过于依赖高耗能、高排放、资源化以及规模化的发展模式，以人与自然和谐共生为发展原则，打造高质量、低消耗、低污染的科技产业结构，从而形成资源高效、合理排放、生态可持续的高质量发展格局。发展方式绿色转型的关键在于企业，推动企业绿色低碳转型就成为发展方式转型的关键点。

ESG 包括披露、投资、评级等内容，可以将可持续发展目标转变为具体可衡量的标准。国务院国资委新成立了科技创新局、社会责任局，在完成现有工作任务的基础上进一步聚焦建立以中国国情及民情为主导的、市场化的 ESG 共识及标准，推进 ESG 相关研究及产业政策制定。2023 年 2 月，深交所发布《深圳证券交易所上市公司自律监管指引第 3 号——行业信息披露》《深圳证券交易所上市公司自律监管指引第 4 号——创业板行业信息披露（2023 年修订）》，明确强化了对上市公司的 ESG 信息披露需求。若不能从顶层设计层面推动 ESG 标准，衡量企业在乡村振兴战略落实的社会责任担当与价值体现，则只会使"双碳目标""乡村振兴"等可持续发展举措变成空话。再比如碳减排和各种污染治理是 ESG 环境主题的重要指标，通过度量碳减排量和污染治理指数，可以有效监测企业各项业务工程。由此可见，ESG 指标可以成为企业降碳减排的风向标，为企业在环境保护中的投入和付出提供价值衡量标准。因此，ESG 是除财务信息外，整合环境、社会、公司治理多维因素，衡量企业可持续发展能力、价值理念和运营方式的新标准。践行 ESG 是实现可持续发展的重要抓手，也是评估企业综合水平的关键标准。

2. 践行 ESG 有助于推动实现中国式现代化

党的二十大报告指出："从现在起，中国共产党的中心任务就是团结带领全国各族人民全面建成社会主义现代化强国、实现第二个百年奋斗目标，以中国式现代化全面推进中华民族伟大复兴。"

中国式现代化的本质要求是：坚持中国共产党领导，坚持中国特色社会主义，实现高质量发展，发展全过程人民民主，丰富人民精神世界，实现全体人民共同富裕，促进人与自然和谐共生，推动构建人类命运共同体，创造人类文明新形态。

中国式现代化是中国共产党领导的社会主义现代化，既有各国现代化的共同特征，更有基于自己国情的中国特色。中国式现代化是人口规模巨大的现代化，是全体人民共同富裕的现代化，是物质文明和精神文明相协调的现代化，是人与自然和谐共生的现代化，是走和平发展道路的现代化。这与ESG理念强调的商业、环境、社会和个人之间的可持续发展高度契合。

首先，ESG中的E可以促进人与自然和谐共生，企业在对生产运营、供应链管理等方面构建和实施可持续治理方案的过程中，不仅可以实现自身绿色生产运营与上下游供应链可持续发展能力的提升，还可以解决相应的碳排放与环境污染问题，进而助力全社会实现绿色发展、人与自然和谐共生的美好愿景。党的二十大报告提出，推动绿色发展，促进人与自然和谐共生，一是加快发展方式绿色转型；二是深入推进环境污染防治；三是提升生态系统多样性、稳定性、持续性；四是积极稳妥推进碳达峰碳中和。这四个要点都要求企业实现绿色转型。报告还提出要完善支持绿色发展的财税、金融、投资、价格政策和标准体系。

其次，ESG中的S可以促进全体人民共同富裕。ESG投资理念强调被投资对象要做到合规，且处理好与员工、社区的关系，这与共同富裕所倡导的方向相一致。而且，三次分配的再投资也可以借力ESG，养老金是典型例子：养老金在各国的具体实施情况虽不同，但其根本还是由于第一次和第二次分配所形成的结果。养老金需要进行保值增值管理，也就意味着其中一部分资金会进入资本市场；而政府财政出资的各种引导基金和主权基金被看作是第二次分配形成的资金，同样也需要进行保值增值管理；自愿捐赠形式形成的资产（如慈善、大学性质的资产等）则被看作是第三次分配形成的资金。在西方发达国家，这些资产规模较大，也会同前两次分配的资金一样做保值增值管理。对我国来说，搞好养老金与实现"人口规模巨大的现代化"又是密切相关的。

此外，党的二十大报告里提及的"坚决打赢反腐败斗争攻坚战持久战""健全诚信建设长效机制"，也是 ESG 中的 G 的特征呈现。由此，不难看出践行 ESG 有助于推动实现中国式现代化。

3. 践行 ESG 有助于满足人民日益增长的美好生活需要

"十四五"时期经济社会发展主要目标牢牢聚焦解决发展不平衡不充分问题。从实际效果看，人民美好生活需要日益广泛，不仅对物质文化生活提出了更高要求，而且在民主、法治、公平、正义、安全、环境等方面的要求日益增长，"十四五"时期经济社会发展主要目标着重关注不断实现人民对美好生活的向往。企业在践行 ESG 方面的关键性议题上持续用力与我国经济社会发展的主要目标相契合。ESG 在环境方面所涵盖的诸多议题，如企业的环境污染指标、温室气体排放标准、生态多样性保护、能源利用效率以及水资源管理效率等都是人民群众所关注的；同样，ESG 在社会方面所关注的如企业慈善活动、供应链协调发展、员工工作环境与福利待遇等议题也与高质量发展转型的内在需求相符。企业在推动自身高质量发展的过程中助力民生事业、补齐民生领域短板，从企业层面采取更有针对性的措施聚焦人民群众普遍关心关注的问题，不断改善人民的生活品质，不断增强人民群众的获得感、幸福感、安全感。因此，企业的 ESG 实践有助于满足人民日益增长的美好生活需要。

4. ESG 是企业基业长青的前提条件

社会可持续发展既要考虑当前发展的需要，又要考虑未来发展的需要；不能以牺牲后期的利益为代价，来换取短期发展，满足当前利益。企业也是如此。企业在追求自我生存和永续发展的过程中，既要考虑企业经营目标的实现和提高企业市场地位，又要保证企业在相当长的时间内长盛不衰。

企业的可持续发展要求企业要有可持续的核心竞争优势、持续的创新能力和对不确定环境的适应能力等。同时，企业也是社会主体之一，也要受到所处制度环境的影响，努力追求获得所在社会环境合法性的支持。因此，在中国，企业要想基业长青，就必然要追求可持续发展。另外，对于与企业密切相关的相关利益者们来说，一家追求可持续发展的企业更值得信赖。更为重要的是，企业作为社会的重要组成部分就应该为社会创造价值。

在过去，很多企业认为对社会价值的投入仅仅是成本支出，这意味着要牺牲企业利润，这与企业要提升经济价值的原则相背离。但根据联合国全球契约组织发布的《Who Cares Wins》报告显示，在ESG三大领域表现优秀的企业，不但没有偏离其核心业务，反而有更优秀的长期财务表现。社会对企业的认知和预期正在快速发生改变，"好企业"被重新定义，从"赚很多钱"向"为社会创造价值"转变。在全球监管趋严的形势下，为了实现可持续发展，企业不仅要考虑自身利益，更要主动适应ESG新价值体系。企业主动践行ESG能大大提升企业价值，具体表现在顺应监管要求，防范合规风险；提升风控能力，降低经营风险；拓宽融资渠道，降低融资成本；降低经营成本，提升盈利能力；带来创新机遇，实现长期发展；树立良好形象，获得社会认同。中国企业想要在未来构建全球化的高质量竞争力，要思考如何通过ESG或可持续发展，在商业活动中创造社会价值，并在实现社会价值的过程中获得新的商业机会，形成良性循环。虽然短期内会给企业增加一定的运营成本，但从长远看却有助于形成企业独特的竞争优势，最终给企业带来长期利益，使企业在全球化的商业秩序中迈向基业长青。

5. 践行ESG是企业实现共享价值创造的重要途径

目前，ESG与共享价值创造正逐渐从小众话题变成热门讨论话题，ESG和社会责任实践、共享价值创造等标准与行为规范能够推动社会经济发展。全球报告倡议组织（GRI）提到，践行绿色增长必须要从传统的社会责任认知当中跳出来，从高质量发展的大格局出发，而非将其看作企业运营之外的善心和公益，更不应该简单地视其为企业运营之外的成本支出。因为这些做法不可能持续，也不可能真正引领价值创造。

事实上，越来越多的投资人都要求企业在财务报告披露之外增加对与环境、社会和公司治理相关的非财务信息披露。相比于财务报告，ESG更能够反映企业的长期价值。美国ESG市场从最初的2000亿美元增长至超16万亿美元，意味着ESG能带来更好的长线回报。在我国也有如此的情景，作为社会资本主要配置媒介的金融机构也在投资取向上做出了调整，围绕环境保护、社会责任和公司治理多方位的估值来深化ESG投资理念。资管行业更是将2020年定为ESG元年。在未来，企业家们需要用可持续发展的理念重新审视商业活动中的战略、运营、价值创造与发展，并用完整的思维体系把它们串联起来。

随着双碳目标的提出，降碳、减碳甚至实现零碳的能力与中国企业未来30年的可持续发展息息相关。国家战略与区域目标最终都要落实在企业的具体生产运营上，企业承担着双碳目标的绝大部分任务，面临着巨大压力与机遇。再者，由于供应链的交互作用，企业同样面临着来自供应链的压力。当前，众多大型跨国企业纷纷宣布碳中和目标，这将会通过产业链、供应链影响到国内的企业。如苹果公司在碳中和目标上承诺了2030年全部实现产品生产周期的碳中和，这就意味着苹果产品的产业链与供应链也要达到相应的标准，否则就会面临淘汰。此外，伴随着绿色消费主义的崛起，消费者对低碳、环保的产品表现出更高的购买意向，这也从市场角度推动企业在双碳目标落实中承担起责任。在政府、行业（产业链）、消费者对企业双碳目标的共同助推下，低碳生产、绿色循环的新市场消费形态即将形成。基于这样的逻辑，ESG不仅仅是非财务信息，还能诠释资产构成以及资本支出是否能帮助资产变成一个在零碳时代有增长空间的新资产。

1.2 中国企业 ESG 实践的特色

通过以上分析可以发现，中国企业的ESG实践与中国的发展道路、社会经济发展目标、人民对美好生活的追求以及企业自身的持久发展都息息相关。中国式现代化的特征和本质要求更是对中国企业的 ESG 实践提出了特殊的要求。中国企业的 ESG 实践已经不是企业自身发展战略的可选项之一，而是企业未来发展的既定路线。因此，虽然 ESG 理念是一个舶来品，但在与中国式现代化融合的过程中，业已体现出了鲜明的中国特色。

"构建中国特色 ESG 体系，首先要从中国实践出发，明确构建 ESG 体系的中国价值。宏观层面 ESG 体系应符合新发展理念和实现高质量发展的战略价值，微观层面应符合企业可持续发展的增长价值。社会层面应符合履行社会责任的民生价值，着力践行以人民为中心的发展思想，推动经济社会环境综合价值提升。"为此，我们需要进行多方面的思考，要从思想观念、行动指南、理念塑造、标杆引导等方面积极推进 ESG 的中国化。

1. 搭建中国特色的顶层设计

ESG 理念在我国的深入推进和发展，要有政府的有效引导。一方面，中国式现代化对企业 ESG 行为的要求又区别于国外。因此，我国应从国情出发，综合考虑企业所肩负的中国式现代化以及自身可持续发展的责任，处理好政府与企业在其中的定位关系，形成具有中国特色的 ESG 发展理念，以更好地服务于我国可持续发展战略。

另一方面，中国经济结构与发达经济体以及其他发展中大国存在差异。中国道路是中国寻求中国式现代化在特定历史阶段的必然选择，也是中国充分发挥自身竞争优势的必然选择。在中国式的发展道路上，目前中国的经济结构不断优化升级。一系列的努力为中国经济结构走向新的绿色可持续发展范式打下基础。中国经济的发展不仅需要推动经济总量的提升，同时更需要推动中国经济结构的绿色转型。为此，需要政府为中国企业的 ESG 实践设计顶层结构，指导企业的 ESG 战略行动。

ESG 体系的一个重要理论基础是利益相关者共同治理理论，核心观点是企业管理和金融投资不应仅考虑经济和财务指标，还应评估企业活动和投资行为对环境、社会以及更广范围内利益相关者的影响。公司关注并承担更多的社会责任，本质上是资本主义生产关系的一种调整，是当代资本主义社会各利益主体之间一种新的协调关系。而我国积极探索的 ESG 实践是围绕着社会主义初级阶段的根本任务展开的，其出发点是更好地解放和发展生产力，改善民生，实现人民对美好生活的向往。我国当前构建 ESG 体系的探索，是为推动高质量发展的主动选择。

将 ESG 融入中国特色发展道路，首要便是搭建中国特色的顶层设计体系。当前，我国围绕碳达峰碳中和的"1+N"政策体系不断完善（"1"指的是《中共中央国务院关于完整准确全面贯彻新发展理念做好碳达峰碳中和工作的意见》，"N"则包括了一系列具体的政策措施和实施方案，其中《2030年前碳达峰行动方案》是"N"中的首要政策文件），以绿色低碳转型、节能降碳增效为出发点在科技、产业、民生以及能源等多方面开展了"碳达峰十大行动"并制定了一系列政策（见表 1-1）。

表 1-1　中国碳达峰碳中和的十大行动政策体系梳理

序号	"碳达峰"十大行动	政策
1	能源绿色低碳转型行动	《"十四五"现代能源体系规划》
		《"十四五"可再生能源发展规划》
		《氢能产业发展中长期规划（2021—2035 年）》
2	碳汇能力巩固提升行动	《海洋碳汇经济价值核算方法》
		《农业农村减排固碳实施方案》
3	循环经济助力降碳行动	《"十四五"循环经济发展规划》
		《关于加快推动工业资源综合利用的实施方案》
4	城乡建设碳达峰行动	《关于推动城乡建设绿色发展的意见》
		《城乡建设领域碳达峰实施方案》
5	交通运输绿色低碳行动	《"十四五"现代综合交通运输体系发展规划》
		《绿色交通"十四五"发展规划》的通知
6	节能降碳增效行动	《"十四五"节能减排综合工作方案》
		《高耗能行业重点领域节能降碳改造升级实施指南（2022 年版）》

（续）

序号	"碳达峰"十大行动	政策
7	工业领域碳达峰行动	《减污降碳协同增效实施方案》
		《"十四五"工业绿色发展规划》
8	绿色低碳科技创新行动	《关于印发工业领域碳达峰实施方案的通知》
		《"十四五"能源领域科技创新规划》
9	绿色低碳全民行动	《科技支撑碳达峰碳中和实施方案（2022—2030年）》
		《加强碳达峰碳中和高等教育人才培养体系建设工作方案》
		《促进绿色消费实施方案》
10	各地区梯次有序碳达峰行动	《上海证券交易所"十四五"期间碳达峰碳中和行动方案》
		《浙江省碳达峰碳中和科技创新行动方案》
		《上海市碳达峰实施方案》

在顶层设计方面，2022年4月，国务院国资委成立社会责任局，明确提出"抓好中央企业社会责任体系构建工作，指导推动企业积极践行ESG理念，主动适应、引领国际规则标准制定，更好推动可持续发展"。这进一步释放出自上而下进行全面ESG评价体系建设的信号；2022年5月27日，国务院国资委印发《提高央企控股上市公司质量工作方案》（以下简称《方案》）强调，贯彻落实新发展理念，探索建立健全ESG体系，立足国有企业实际，积极参与构建具有中国特色的ESG信息披露规则、ESG绩效评级和ESG投资指引，为中国ESG发展贡献力量。为了确保工作的落实，《方案》在提出相应规范要求的同时也明确了重点任务的时间节点。如在公司治理方面，《方案》提出原则上要求央企控股上市公司在2024年前不仅要全面依法落实董事会的各项权利，而且要确保董事会规范运作这个大的前提条件。参照港交所对主板上市公司ESG报告的披露要求，《方案》对央企控股上市公

司同样提出了披露 ESG 专项报告的规定，提出在 2023 年实现 ESG 相关报告的"全覆盖"披露。

2. 推进宏观机制健全与完善

第一，完善保证机制，确保企业的 ESG 战略与国家发展战略保持一致。事实上，在 ESG 理念兴起之前，关于环境保护、社会责任、公司治理等的相关评价体系和框架已经存在。在引入 ESG 理念后，将环境与社会视为利益相关者而辅以科学的治理并加以利益协调，这有利于实现环境、社会和企业自身的可持续发展。具体而言，构建中国特色的 ESG 体系要处理好政府与市场的关系，平衡好个体利益与社会利益、经济效益与环境效益的关系，充分发挥 ESG 体系在推动经济社会高质量发展中的引领带动作用。

第二，需要实践探索 ESG 监管体系、制度框架的不断完善。我国是世界上最早出台绿色信贷相关监管要求、开展绿色信贷统计和关键指标评价的国家之一。2021 年，绿色金融领域接连取得新的发展，全国碳排放权交易市场建立，碳减排支持工具落地生效。截至 2021 年年末，我国绿色信贷的余额是 15.9 万亿元，多年位居世界第一。国内 ESG 投资也呈现加速发展的态势。2023 年 4 月，国家开发银行发布《国家开发银行关于支持银行业金融机构绿色信贷发放助力经济社会发展绿色转型的实施意见》，以促进加快绿色信贷的发放，推动经济社会的绿色转型。中国人民银行提出了三大功能、五大支柱的绿色金融发展政策思路。相关部门也进一步完善了绿色金融政策框架和激励机制，正在着力构建系统性的支持经济可持续发展的金融制度安排。中国银保监会于 2022 年 6 月发布了《银行业保险业绿色金融指引》（见表 1-2），在组织管理、政策制度及能力建设、投融资流程管理、内控管理与信息披露以及监督管理五方面提出 36 条明确要求。这对推动银保机构关注利益相关者，加强绿色金融监管，深化可持续发展具有重要意义。

表1-2　　《银行业保险业绿色金融指引》要点梳理

序号	《指引》层面	要求	
1	组织管理	提出"董事会或理事会—高级管理层—专门委员会—绿色金融部门和负责人"的治理架构。	鼓励银行保险机构在依法合规、风险可控前提下开展绿色金融体制机制创新。
2	政策制度及能力建设	完善ESG风险管理的政策、制度和流程,明确绿色金融的支持方向和重点领域。	完善信贷政策和投资政策,积极支持清洁低碳能源体系建设。
3	投融资流程管理	完善投融资流程管理,加强授信和投资尽职调查、合规审查、审批管理、资金拨付管理、贷后和投后管理。	积极运用科技手段,提升绿色金融管理水平,优化对小微企业融资等业务的环境、社会和治理风险管理。
4	内控管理与信息披露	公开绿色金融的战略和政策,充分披露绿色金融的发展情况。	加强内控管理,建立考核评价体系,落实激励约束措施,完善尽职免责机制,确保绿色金融持续有效开展。
5	监督管理	明确银保监会及其派出机构的绿色金融监管职责,加强对银行保险机构绿色金融业务的指导和评估。	

第三,推动发展建设 ESG 投资机制。ESG 投资将是我国经济社会全面绿色转型的重要力量。一是完善能源绿色低碳转型的金融支持政策,引导金融机构加大对碳减排效益项目的支持,推动传统产业优化升级。二是加强碳市场的建设,拓展金融创新领域,推动碳排放交易不断扩容提质。三是支持符合条件的企业发行碳中和债等绿色债券,通过资本市场进行融资和再融资。四是以支持实现"双碳"目标为导向,调整完善信贷政策和投资政策,创新绿色金融产品。围绕 ESG 投资,国内监管层以绿色金融为核心出台了一系列的政策引导,如 2018 年 11 月,基金业协会发布《绿色投资指引(试行)》,为基金开展绿色投资活动进行全面指导和规范;2020 年生态环境部

等部门发布了《关于促进应对气候变化投融资的指导意见》来推进应对气候变化投融资发展；2021 年中国人民银行制定了《银行业金融机构绿色金融评价方案》来优化绿色金融激励约束机制，进而提升金融支持绿色低碳高质量发展的能力。

第四，加强 ESG 信息披露机制完善，引导资本规范健康发展。资本创造价值和野蛮生长都源于其逐利性。ESG 信息披露对于发挥资本作为生产要素的积极作用，防止垄断和资本无序扩张有着重要意义。一些经营者和大股东，把上市套现作为实现自身财富快速积累的手段，置上市公司的可持续发展于不顾。在中小银行风险处置案例中，一些企业股东入股的动机不纯，把机构当作自己的"提款机"。突出 ESG 信息披露的意义，是把资本自身收益需求和社会发展需要更好地结合起来，引导资本流向可持续发展的领域，流入履行社会责任的企业，夯实市场的信用基础。目前我国关于 ESG 信息披露的整体规范在于自愿而非强制，但监管部门陆续出台的政策支持呈现出了加强 ESG 信息披露的要求，2006 年沪深交易所发布《上市公司责任指引》，要求上市公司积极履行社会责任；2018 年证监会修订《上市公司治理准则》确立了 ESG 信息披露的基本框架；2019 年新成立的科创板强制要求上市公司披露 ESG 信息；2023 年中国证监会发布《上市公司独立董事管理办法》，通过优化上市公司独立董事制度提高上市公司的治理水平和信息披露质量，保护投资者的合法权益，促进资本市场的健康发展。

3. 构建特色的 ESG 生态体系

ESG 理念的推广，ESG 战略的实践还需要完善的 ESG 生态体系的支撑。在 ESG 生态体系中，各个相关主体与环境之间相互影响、相互制约，并在一定时期内处于相对稳定的动态平衡状态。

首先，作为设计者的中国政府及相关部门，从宏观层面规范 ESG 理念的内涵和发展过程，通过各类政策和指导意见引导企业的 ESG 行为。我国特有的体制优势、制度优势在 ESG 理念涉及的三个方面即 ESG 信息披露标准、ESG 评估机构及评价体系、ESG 投资机构投资指引等方面均可以发挥重要作用，政府部门及相关协会自律组织等应发挥积极推动作用。证监会、交易所、基金业协会等资本市场相关部门及组织在这方面起到了良好的示范效应，建议债券市场、信贷市场相关政府部门及协会自律组织依据各自市场特点积极推动 ESG 体系三方面内容的建设。

其次，各类相关利益者，例如机构投资者、行业协会、ESG 评级机构、ESG 研究机构等，可以积极推动 ESG 理念在社会层面的认知，促进可持续发展成为社会共识，进而约束企业的行为，助推企业追求 ESG 的可持续发展。国外评级机构对中国企业的 ESG 评级结果系统性偏低。2021 年第四季度，在明晟 ESG 评级评价的 202 家国有企业中，评级结果最高的仅为 A 级（第 3 档，共 7 档），被评为 B 和 CCC 级的占比 63.9%。而我国的评级体系还在探索阶段，ESG 评级体系呈现出多元发展格局，目前尚未形成统一标准。

再次，各类践行 ESG 战略的企业，它们将 ESG 理念与自身行业和业务、竞争优势相结合，切实将理念变成可持续发展的现实。但现实是，A 股上市公司仍有 3/4 未发布 ESG 报告。从已发布的 ESG 报告看，披露质量也有待进一步提升。许多上市公司尚未建立董事会层面的 ESG 治理机制，ESG 管理体系不够健全。

此外，还需要科研院所在 ESG 研究上深入投入，在 ESG 人才培养上的持续发力，保证在我国 ESG 实践中有足够充分的理论支持和人才保证。而这方面的工作虽然才刚刚展开，但已有较多高校和相关智库走在了"深化 ESG 理念研究，服务经济高质量发展"的前列，例如首都经济贸易大学于 2020 年 7 月正式成立中国 ESG 研究院，研究院扎根 ESG 前沿与关键问题研究，培养我国 ESG 专业人才并致力于研究成果的实践应用与转化，进而助力新时代经济高质量发展。目前该研究院围绕 ESG 披露标准、ESG 评价、ESG 理论等方面陆续推出包含论文、专著、政策咨询报告等不同形式的高质量科研成果，并开发 ESG 相关的案例与课程，成为引领中国 ESG 研究的高端智库和培养 ESG 专业人才的重要基地。同样不容置疑的是，中国在 ESG 研究与人才培养远未满足实践需要。

因此，从 ESG 发展形势看，包括国资委在内的监管机构将继续从宏观管理层面不断健全 ESG 生态体系。同时，ESG 理念的深入落实，更离不开各类企业从微观层面自觉加强体系建设和工作水平，加快提高治理能力。

4. 落地 ESG 示范性先行标杆

国际社会 ESG 最早的参与方都是国际大投行，中国发展 ESG 要从起点上做出改变，凭借着我们的制度优势、发展阶段优势以及舆论、政府对企业的影响力优势，推动标杆性企业引导行业发展 ESG。由相关主管部门牵头，选择基础条件良好、示范意义突出的区域（县市、开发区或产业园）、企业（不限于上市公司或金融机构）和项目（存量和新增），开展 ESG 投资试点。试点内容可以涵盖 ESG 政策框架、组织保障、机制建设、标准研究、信用评级、风险评估、收益测算等方面，尝试从投资项目的源头（实际发起者和主导者）和落脚点（项目审批、实施和管理）两端切入，找出可行路径，为中国 ESG 顶层设计和体制机制的改革创新提供支撑。

央企发挥"头雁效应"加强 ESG 实践。中央企业正带头迈出"上市公司强制披露 ESG 报告"的步伐。按照国务院国资委对央企的要求，如《提高央企控股上市公司质量工作方案》《中央企业节约能源与生态环境保护监督管理办法》《中央企业合规管理办法》《央企控股上市公司 ESG 专项报告参考指标体系》等，未来要推动更多央企控股上市公司披露 ESG 专项报告，力争实现相关专项报告披露的"全覆盖"。中央企业上市公司贡献了央企系统约 65% 的营业收入和 80% 的利润总额。截至 2022 年，中央企业共控股境内外上市公司超过 440 户，其中境内超过 350 户，是我国资本市场的重要组成部分，在提升价值创造能力、发挥上市平台功能、优化股东回报、履行社会责任等方面发挥引领示范作用。

上市公司是中国企业的优秀代表，也是中国经济的支柱力量。作为完善现代企业制度和履行社会责任的"先锋队"，部分上市公司已经将 ESG 作为提升上市公司质量的重要抓手，积极践行脱贫攻坚、绿色发展等国家战略，推动 ESG 与企业经营深度融合，建立健全 ESG 内部制度体系和管理框架，在推动可持续发展方面发挥了示范作用。随着监管和市场的推动，以及投资者对 ESG 信息关注度的提升，上市公司 ESG 工作取得了显著成效。

一是上市公司的 ESG 信息披露更加规范。由于我国 ESG 实践起步较晚，企业在 ESG 顶层设计、董事会参与度、ESG 层面数据管理能力建设等方面存在薄弱环节，但是很多上市公司，尤其是行业龙头企业，在 ESG 实践中积累了丰富的经验和可圈可点的做法，为上市公司提供了可参考的优秀样本。在监管机构和市场的推动下，主动进行 ESG 信息披露的上市公司的数量和比例逐年增加，2009—2021 年披露 ESG 相关报告的 A 股上市公司从 371 家增至 1112 家。大部分蓝筹股公司构建了高层深度参与、横向协调、纵向联动的 ESG 管理组织体系，例如中国平安集团形成了职责明确的 ESG 管理架构：董事会与集团执行委员会全面监督 ESG 事宜；以投资者关系和 ESG 专业委员会为核心，协同集团其他专业委员会，负责识别 ESG 风险、制订计划目标和管理政策、绩效考核等；集团 ESG 办公室协同集团各职能中心作为推动小组，统筹集团可持续发展的内外工作；以集团职能单元和业务公司组成的矩阵式主体为落实主力。有的公司在探索信息披露方面，把握行业企业的关键议题，更好地体现公司特色，提高信息披露有效性和针对性；有的公司通过第三方鉴证等方式，提高 ESG 信息披露质量和透明度；还有部分公司在 ESG 披露基础上，探索尝试 TSFD 披露，积极应对气候变化等带来的挑战。部分上市公司通过改善 ESG 管理水平，提高 ESG 信息披露质量和加强与评级机构沟通等方式，显著提高了 ESG 的评级。

二是上市公司社会责任履行成果显著。近年来，上市公司纷纷设立扶贫项目，持续提升社会贡献，如中国银行，在扶贫工作上，创造性践行"融通世界、造福社会"的历史使命，凝聚"自身、员工、客户、国际"的"四种力量"，通过"安排一批信贷资金、帮助引进一批企业、推动落地一批金融政策、协助销售一批优质农产品、建立一批村镇银行、用好一批慈善基金、引入一批国际资源、帮助培训一批地方干部、增派一批扶贫干部、推荐一批就业岗位"的"十个一批"帮扶举措，探索出一条贫困人口持续受益的扶贫模式。再比如，中国电建集团通过捐赠产业扶贫资金 3000 万元，实现小投入撬动大投资，引入社会合作企业投资 3.2 亿元，采取"1+6"扶贫新模式，最终完成总投资 5.5 亿元的产业扶贫项目，覆盖剑川县建档立卡户 3475 户 13023 人，为地方年创造税收 4000 万元以上；项目带动十万亩饲草饲料种植产业，为 8000 农民在家门口解决就业，年人均增收 3.5 万元。目前一期工程全面完工，首批新西兰进口荷斯坦奶牛顺利进驻云端牧场"安家落户"。

三是上市公司治理状况整体有较大改善。随着法制环境的逐渐完善和监管力度的加强，目前上市公司治理状况已经得到了较大的改善。以公司章程、"三会"议事规则、信息披露和投资者关系管理制度等为基础的公司治理制度机制基本建立。"三会一层"等基本组织架构齐备，运行整体规范。累积投票制、征集投票权等制度基本建立，为中小投资者在参与重大事项决策等方面行使权利提供了制度保障，中小股东合法权益的保护不断增强。上市公司投资者关系管理工作日趋深入，上市公司更加注重与投资者建立良性沟通。2022 年中国上市公司治理评价结果表明，上市公司治理指数平均值为 64.40，相较于 2021 年（公司治理指数平均值 64.05）虽然有所提升，但趋势较缓。在构成中国上市公司治理指数的六大维度中，股东治理维度、董事会治理维度、经理层治理维度、信息披露维度和利益相关者治理维度均实现上升，其中利益相关者治理维度升幅较大。

1.3　企业 ESG 战略

无论是国家发展导向的引导，社会认知的推动还是企业自身价值观和发展目标的驱动，ESG 已经成为中国企业现实中的必然选择。企业如何更好地践行 ESG，实现最终的可持续发展，还需要企业进行 ESG 战略规划。

1.3.1　ESG 战略规划的目的

对于如何践行 ESG，大部分企业仍是盲目的。众多企业的"漂绿"行为无不昭显企业并未完全理解 ESG 发展理念的本质（宋锋华，2022；In et al.，2021）。ESG 从本质而言，更多是通过不同的非财务指标体系去督导企业改变传统的发展模式。但是，即便如此，如果只把 ESG 报告及相关工具当作一种计量工具，企业就容易采取"漂绿"行为。企业如果想要彻底转型，则需要自上而下进行变革，并带动全员参与。因此，对企业的 ESG 行为进行战略规划是必要的。

首先，从战略层面规划 ESG 有利于推动 ESG 理念在企业中的普及。通过企业的"一把手"工程，促使全员重视 ESG，有利于激发全体员工认识、了解、践行 ESG 的主动性和能动性。

其次，ESG 战略规划有利于 ESG 与企业业务的融合。"漂绿"行为的最大特征就是企业业务发展与 ESG 行为之间"两层皮"。可持续发展的意义在于推动企业从单一追求自身利益最大化转变为追求社会价值最大化，从而解决"何为发展"和"如何发展"两大问题。如果 ESG 活动无法影响企业的业务活动，那可持续发展将无从谈起。

再次，ESG 战略规划有利于企业树立负责任的企业形象，从而帮助企业吸引和留住优秀人才，拓宽融资渠道，降低运营成本，并与政府、社会等各方建立更紧密的合作关系。从战略层面规划 ESG，更能体现企业坚决追求可持续发展的决心和信心，从而获得社会对企业的正面认可。对内，可以形成可持续发展的企业价值观和使命愿景，从而凝聚人心，助力企业发展；对外，可以获得外部合法性，从而有利于企业获得更多的发展资源。

最后，ESG 战略规划有利于促进企业追求绿色创新，在创造社会价值的同时，获得企业发展的经济价值。从战略层面统筹规划企业的业务和 ESG

活动，可以通过重新构想产品与市场、重新定义价值链的生产力和促进地方集群发展等多种实现途径实现共享价值创造，从而发现新发展机会或全新的竞争优势。

1.3.2 ESG 战略内涵

ESG 战略，是指企业在环境、社会和治理三个维度上制定并实施的一系列目标和行动计划。这一战略强调企业在追求经济效益的同时，也要积极履行社会责任，保护生态环境，并优化企业治理结构，以实现企业的可持续发展。具体来说，企业的各项活动在战略管理的过程中要全面考虑以下四个方面。

首先，ESG 战略需要全面考虑各方相关利益者的期望。相关利益者不仅是传统意义上的股东、员工、客户、政府等主体，还应该考虑环境、社会公众等。在联合国 17 个可持续发展目标（SDGs）的引领下以及 ESG 责任投资机制的影响下，企业的公民身份已经不再是可有可无的附加项，越来越多的企业将其作为自身战略规划的重要组成。企业存在的理由也不再是利润最大化，而应是寻求核心利益相关者均衡的最优化的共益发展。

其次，ESG 战略要求企业将可持续发展作为企业的长期发展方向。致力于解决环境和社会问题，有助于降低企业的长期业务风险，提高企业形象和价值，并最终为企业带来长期回报。与此同时，可持续发展目标相关的转型和升级也为企业带来巨大商机。世界经济论坛的一项研究表明，可持续发展目标将产生高达 12 万亿美元的经济价值和商业机会。

再次，ESG 战略要求企业从社会价值和经济价值融合共创的过程中形成新的竞争优势。在整个价值创作的过程中融入 ESG，能驱动企业为利益相关者创造可持续的新价值。例如，重构价值链中的生产力，为供应商、员工等提供培训或其他经济赋能，提升其生产力，从而提高价值链效率；从产品或服务角度，为低收入和偏远地区提供可负担的、可及的产品和服务；促进本地集群繁荣，在当地投资社会企业、教育等。通过机会识别找到自己的目的地，并根据目的地去重塑价值创造的过程和协作方式，将业务和价值链调整，与社会价值创造和经济价值创造相结合，这是企业构建可持续社会价值创新战略的根本。

最后，ESG战略有利于高效的整合资源，提升企业战略行为的外部经济性。通过对社会价值和经济价值机会的重新识别找到企业新的竞争优势，并根据新竞争优势重塑价值创造的过程和协作方式，将业务和价值链调整，以价值链"链主"企业带动全价值链追求社会价值创造和经济价值创造相结合，可以扩大企业ESG战略的外部性，推动社会各方主体共同追求整个社会的可持续发展。

1.3.3　ESG战略的规划与实施

鉴于中国ESG发展的现状，特别是企业层面践行ESG的现实，企业实施ESG战略需要从四个方面发力。

首先，形成ESG理念。理念是企业在创造物质财富和精神财富的生产经营实践活动中表现出来的世界观和方法论，是对企业全部行为的一种根本指导，是企业行为的基本信念。企业的ESG战略行为需要理念层面的支撑。ESG理念的形成能够让企业全体员工对企业未来要达到的可持续的远期目标有生动形象的感受，进而支持员工将这种ESG理念认知外化于规划和实施各种企业ESG战略行为。

其次，推动企业社会价值与经济价值的共享价值创造。ESG发展理念不是要求企业抛弃掉经济价值追求，单纯地履行社会责任。正相反，ESG战略积极推动企业在追求社会价值的同时也获得相应的经济价值。这就需要企业真正思考如何在社会价值和经济价值融合的过程中创新，创造新的发展业务，发现新的发展机会。ESG不是企业发展的负担，而是促进企业获得新竞争优势的巨大动力。

再次，基于共享价值创造重新规划企业的发展战略。在共享价值创造的ESG理念指导下，企业需要重新审视内外部环境，优选实质性议题，重构业务模式。

最后，结合企业自身实际情况，设计符合自身发展实际的ESG战略实施方案。ESG战略的实施过程分为两个维度：第一个维度，设计符合企业实际的ESG战略实施方案，从而有效地指导企业内部的各类ESG战略活动。第二个维度，有意识地设计企业对外的ESG信息披露体系，更真实地展现企业ESG战略的效果，实现更大的社会正外部性。

1.3.4　本书结构

为了更好地分析企业的ESG战略与规划过程，本书将从以下三个方面逐一展开。

第一，从总体上梳理国内外近年来ESG发展的基本现状，帮助企业对ESG外部环境，特别是未来的发展导向有更清晰的认知。

第二，从制度理论出发，剖析企业战略规划的理论基础、理念核心以及战略规划的内容。从理论到实践为企业的ESG战略规划提供全方位的理论支持。

第三，结合中国企业的ESG发展现状，提出一套相对普适的ESG战略实施过程，进一步指导企业的ESG战略规划与实施。

第 2 章　ESG 在国外

ESG 理念起源于国外，其早期发展也在国外。ESG 不是一个凭空产生、孤立存在的概念，而是在一些其他理论和概念的基础上融合了当下社会新发展的需要，经过了几十年的丰富和演变才逐步确立和完善的。因此，在解析企业 ESG 战略规划和实施所涉及的具体内容之前，首先要对 ESG 理论进行梳理，理顺 ESG 理念的变迁史，了解 ESG 的发展历程和发展现状，以及国外 ESG 实践所包含的有关 ESG 投资的理念引导（责任投资）、ESG 评级的社会推动、ESG 披露的企业实践等问题，从宏观层面系统把握 ESG，进而才能对企业的 ESG 战略规划和实施有更深刻的理解。

"股东价值最大化目标下的现实问题"是 ESG 理念生成的起点（郝颖，2023）。自 18 世纪后期工业革命开展以来，生产设备大批量投入以及机器化工业时代对资金规模的需求促进了公司制企业的兴起与扩张，同时，财务资本成为企业的稀缺性与关键性资源，股东利益最大化目标成为当时的普遍性社会认知（金帆和张雪，2018）。然而，伴随着社会的发展，以股东利益最大化为唯一目标的商业模式受到广泛质疑，在企业合法性身份动摇的危机下，企业的经营发展面临严峻挑战，在可持续发展需求下重新定义企业与社会的关系，构建企业发展新范式成为 ESG 理念产生的初始动机。由于企业是适应社会生产需要而形成的一种组织形式，合法性是企业存在与发展的必要条件。股东利益至上观念将企业设定为纯经济属性的主体，割裂了企业与社会的联系，在其观念主导下企业可以为获取利润而采取任何符合既定规则的手段。这种行为方式经常导致企业经营行为对社会的破坏属性，形成长期性的社会问题，进而使公众愈发倾向于将经济、社会和环境中的矛盾问题归咎于企业（Porter and Kramer，2006）。由此引致的后果是企业与社会的价值、信念、规范的适配性日益降低，在认知层面与实质层面出现多维度的合法性缺失问题。从企业角度来看，企业的整体价值可能会由于仅追求股东利益而接受无效率风险的决策而受损。从社会整体角度看，企业基于自身利益最大化所做出的具有负外部效应的纯经济理性决策，势必导致每个企业均受到其他社会主体决策的负效应反射，进而形成企业与利益相关者之间的"囚徒困境"，阻碍经济社会的健康可持续运转。

基于此，在传统股东利益最大化理论缺陷的基础上，ESG这一新发展理念应运而生。ESG理念在生成之初就以重构企业合法性与可持续性为逻辑基础，力图将环境、社会、治理三大可持续要素同资本运转与商业运行紧密结合，实现"利益相关者视角下的企业社会嵌入"，在生态文明建设已经摆在整个国家发展全局的战略高度的背景下，在微观层面企业积极承担环境责任有助于积极响应政府的环境规制合法性以及行业规范合法性，缓解外部利益相关者对企业的环境规制与规范压力，赢得各利益相关者的信任和支持。

在商品供过于求的时代，消费者对企业的要求已不满足于法律要求的必尽责任，也不满足于道德要求的应尽责任，还需要有由核心价值观带来的愿尽责任。由此得出，企业ESG势在必行。

从利益相关者的视角来看，让员工发现工作对利益相关者的价值，让员工发现工作的全部意义，让工作更有意思，不仅能激发工作热情，更能激发责任心；从利益相关者的视角，企业通过践行ESG不仅容易找到发展的方向，形成制定战略的指南，也易与外界建立信任关系，赢得更多资源和良好环境。由此也得出，企业社会责任对于企业可持续发展具有实质性意义。这些新观念的产生和融入最终形成了 ESG 理念。

2.1 ESG 理念变迁

ESG 理念发展至今已有几十年历史，历经一代又一代的理念融合与升级，至今已在全球范围内达成基本共识。通过对 ESG 理念发展历程的梳理，本书将 ESG 理念的变迁划分为三个阶段。

2.1.1 ESG 的萌芽期：1960—1983 年

ESG 理念最早可追溯到 20 世纪六七十年代，起源于 18 世纪诞生的社会责任投资（Socially Responsible Investment，SRI）概念，并逐渐发展形成新的概念和理念体系。其中，伦理投资（也被称为道德投资）是社会责任投资的前身，这一概念最早可追溯至 16 世纪，兴起于 20 世纪。伦理投资起源于宗教，是一种利用宗教信仰者们对教义信仰的奉守而拒绝投资违背教义信仰的行业（例如，军火、烟草、奴隶贸易等）的投资理念。

1984 年，Domini 和 Kinder 强调伦理投资是一种行动，而不仅仅是理论分析。彼时有三种伦理投资方法：回避、积极和激进主义方法（Sparkes，2001）。伦理投资者可以通过出售投资或保留投资并利用它们推动相关公司的变革来运作。1999 年，克里斯托弗·J. 考顿认为金融投资的伦理冲突存在于投资者在进行战争武器制造、烟酒、赌娱活动及环境污染等投资项目决策时，只顾财务效率还是兼顾伦理理性投资。2006 年，中国学者丁瑞莲基于国外伦理投资实践认为，伦理投资以独特的投资标准，突破了常规投资单一的金融目标，追求金融与社会、环境目标的高度统一，实现投资效果最广泛的社会性和长期性。总之，伦理投资立足于社会伦理道德，依托西方宗教的相关教义而发展，它试图用宗教和道德等作为标准去指导企业投资活动、规范企业投资行为，而不仅仅是企业盈利。但同时，严格的教义也限制了伦理投资的进一步发展。

随着时间的推移，"社会责任投资"一词逐渐取代"伦理投资"。社会责任投资又被称为"可持续发展和社会责任投资"，这一概念最早可追溯至18世纪，而我们目前提到的当代西方社会责任投资则起源于20世纪六七十年代。相较于伦理投资，社会责任投资不再局限于伦理的范畴，加入了新的元素，是一种将投资目的和社会、环境以及经济相统一的、有别于传统投资的一种具有三重考量的投资模式（Elkington，1998）。当时西方社会接连发生的工业事件以及日益严重的环境问题促使越来越多的投资者将社会责任投资融入投资决策中，也为日后ESG理念的发展奠定了基础。

通过对欧美社会责任投资报告资料的整理发现，2010年以后，部分组织将早期的社会责任投资明确替换为可持续性责任投资。目前，可持续性责任投资的概念也被普遍接受，其在投资决策时综合考虑企业ESG方面的风险和机会，以可持续发展的眼光，以实现社会、环境以及经济可持续发展为前提，获取长期利益。此外，在投资概念的发展史中，学者们对"社会责任投资"中的"社会"二字存在较大争议，并引发了投资界对"社会责任投资"的较多批评。因此，在下文相关讨论中，我们去除了"社会"二字，称为"责任投资"。

20世纪六七十年代，全球面临的社会和环境等问题逐渐引起了不少国际组织的关注，在此背景之下产生了例如民权运动、种族平等、环保运动、反战运动等系列运动。这些也在很大程度上影响了早期社会责任投资的发展，成为投资者投资过程中不可忽视的因素。1962年，美国作家蕾切尔·卡森出版《寂静的春天》（*SILENT SPRING*）一书，首次用生态学原理分析了人类滥用化学制剂给生态系统带来的不可逆的危害，给予人类强有力的警示，引发了全人类环境保护意识的觉醒，直接推动了现代环保主义和相关理论的发展。1965年，世界上第一支伦理基金AkiteAnsvarAktiefond成立。1971年，全球第一支真正的责任投资基金Pax World fund在美国成立。1977年，"沙利文原则"（后更新为《企业行为准则》）作为企业行为准则应运而生。

2.1.2 ESG 的酝酿期：1984—2003 年

1984 年，美国可持续投资论坛成立。1988 年，世界气象组织和联合国环境规划署联合成立了政府间气候变化专门委员会。随着伦理投资、社会责任、环境保护等理念的发展，以及学者和投资者们对持续发展、责任投资等概念的争论，越来越多的投资公司开始参与到这一议题中，并有公司开始制定促进企业履行社会责任的准则。到 20 世纪 90 年代，社会责任投资概念开始转向投资策略层面，投资者在投资决策中开始综合考虑公司的 ESG 绩效表现，ESG 框架逐渐成形。各大基金公司和责任投资基金的创立，投资者们对社会责任投资、可持续投资等诸多投资理念的关注度越来越高，并逐渐意识到"企业环境绩效可能会影响到企业财务绩效（Russo and Fouts，1997）"这一问题。

自 20 世纪 90 年代，全球经济快速发展带来的环境问题日益突出，越来越多的学者和企业家们开始投身于研究可持续发展、绿色金融等理念，并用以解决环境保护与经济发展的平衡问题。其中，可持续发展这一概念最早可以追溯至 1987 年，世界环境与发展委员会（World Commission on Environment and Development，WCED）在一篇题为《我们共同的未来》的报告中首次提出。该报告广泛使用了"可持续发展"一词，并将其定义为"既满足当代人需求又不损害后代人满足其自身需求的能力的发展（WCED，1987）"。可持续发展是一个符合当时需求的新发展观，并在人们的实践和研究中逐步形成了可持续发展理论。可持续发展理论的初衷和目标是实现共同、协调、公平、高效、多维的发展，而这也是 ESG 的目标之一。ESG 的基本理念是基于对可持续发展模式的不断探索，发现企业在 ESG 方面表现良好才能实现经济、社会和生态效益的共赢，进而提升投资者对企业发展的信心，实现良性资本循环。企业在可持续发展中的作用通常被认为是对社会的责任，可持续发展是企业和社会创造价值的重要源泉。

在这一过程中，企业社会责任（CSR）的概念被反复提出，不少人将CSR与ESG混用，甚至对ESG的存在提出了疑义（李诗和黄世忠，2022）。企业社会责任这一概念最早由英国学者Oliver Sheldon于1924年提出，他认为"企业社会责任应当与经营者满足消费者需求责任相联系（Sheldon，1924）"。企业社会责任要求企业必须超越把利润作为唯一目标的传统观念，强调企业要在生产过程中对人的价值的关注，强调企业对环境、消费者以及社会的贡献。ESG概念可视为CSR概念的进阶，是在外部因素的推动下逐渐形成的。这里的外部因素包括联合国对环境保护和可持续发展的积极推动、市场对ESG信息的强大需求、国际组织对ESG标准制定的不懈尝试等。也就是说，虽然早期ESG的理论基础与CSR基本一致，但由于两者在驱动主体、关注视角、应用范围、发展背景等各方面的不同，其未来发展方向必定不同。数十年的发展验证，ESG已然走上了和CSR不同的发展方向，两者在核心理念、报告目标、信息特性等各方面都存在显著差异。

20世纪90年代，随着大型跨国公司的崛起以及新兴国家经济的快速增长，经济全球化进程持续加速。1990年，多米尼社会指数（现为MSCI KLD 400社会指数）由摩根士丹利国际资本推出，这是世界上第一个责任投资指数，该指数由符合特定社会和环境标准的400家美国上市公司组成。社会责任投资理念在发达资本市场日趋成熟，同时也标志着可持续投资从萌芽期进入了发展期。1992年，联合国环境规划署金融行动机构在里约热内卢的地球峰会上通过了《21世纪议程》，成立了金融倡议，希望金融机构将环境、社会和治理因素纳入决策过程，发挥金融投资的力量，促进可持续发展。1995年，养老金法案和其他相关法规要求养老金在其年度报告中包括其投资政策。1997年，世界首家制定可持续发展报告准则的独立国际组织"全球报告倡议组织（GRI）"成立，其所发布的准则也成为目前最广泛采用的可持续发展报告编制标准之一，并分别于2000年、2002年、2006年和

2013 年发布了四版《可持续发展报告指南》。1999 年，时任联合国秘书长的科菲·安南在达沃斯世界经济论坛年会上首次提出了"全球契约"（Global Compact）的构想。2000 年，国际组织逐步将 ESG 和可持续投资的定义标准化，ESG 也实现了从区域性倡议到国际标准的过渡。同年，致力于推动企业和政府减少温室气体排放、保护水资源和森林资源的碳信息披露项目（CDP）在英国成立。

2.1.3　ESG 的成熟期：2004 年至今

2004 年，联合国全球契约组织发布的《Who Cares Wins》报告中首次正式提出了 ESG 这一概念及其原则，从多个领域多个角度对当下环境、社会、公司治理三个方面存在的问题提出了建议和具体要求（Compact，2004）。此外，认可该倡议的机构通过多年实践进一步深化、明确和完善了该理念。自此，ESG 理念正式形成，大批 ESG 相关的国际组织和机构应时而生。2006 年，联合国支持的责任投资原则组织发布了《责任投资原则》（Principles for Responsible Investment，PRI）报告，该报告包括六个方面的具体原则，旨在鼓励和推动各大投资机构将 ESG 纳入决策过程，致力于提升 PRI 诸多签署方提升可持续投资水平。此外，该报告中首次提出将企业社会责任标准纳入公司的财务评估中。2009 年，全球影响力投资网络（Global Impact Investing Network，GIIN）启动，该组织诞生于洛克菲勒基金会会议上，此次会议激发了影响力投资的想法。

ESG 的蓬勃发展离不开可持续发展理论、利益相关者理论、委托代理理论、企业社会责任理论、企业环境责任理论等诸多理论的支持，而 ESG 理论的日趋完善反过来也丰富和推动了这些理论的现代发展。其中，利益相关者理论最早是由 Freeman 在 1984 年提出的，企业的利益相关者包括股东、员工、债权人、消费者、供应商等。利益相关者理论不再遵循股东利益最大化的观念，使得更多的投资者在企业经济绩效这一维度之外，还关注社会、公司治理等维度的情况，这有助于完善对企业估值的标准。同时，ESG的测量方式有利于利益相关者了解企业的ESG表现，为利益相关者的投资决策提供依据。基于委托代理理论，企业的管理层与所有者之间存在一定的利益冲突，管理层在公司运营管理过程中掌握了更多的内部信息，这种信息不对称使其有动机且有机会实施企业ESG"漂绿"等行为，可能做出损害所有者利益甚至危害企业生存与发展的决策。因此，规范的企业ESG信息披露机制与相应的公司治理机制建设便显得尤为重要，好的委托代理机制有利于形成公司内部治理效果和外部效应提升的和谐统一。

　　基于企业环境责任理论，企业在创造经济利润的同时，还要承担起对生态环境应尽的责任，而这与ESG理念相通。1998年，Enderle and Tavis首次将企业环境责任纳入企业社会责任的维度之一，企业在追求经济效益的同时也要追求环境效益，积极承担环境责任。2007年，Küskü认为环境责任是企业在认识到对利益相关者的责任后而做出的环境保护行为，这种行为会给企业带来其他好处，例如提升企业声誉。企业环境责任既是企业社会责任的一个重要组成部分，又具有相对的独立性。企业环境责任不仅是关注当下的，更是面向未来的，要兼顾当代人与后代人的环境利益，企业承担环境责任的动因大致可以分为内部动因、外部动因和内外兼具动因。可以说，企业环境责任在法规基础、经济基础、理论基础不断完善的同时，也为ESG理论的发展开拓了新的思路，成为企业可持续发展的重要保证。

　　经过几十年的发展，ESG理念和相关概念逐步确立并得到一定认可。目前ESG是一种关注环境、社会责任、公司治理绩效而非单纯财务绩效的投资理念和企业评价标准。它从三个维度的相关指标出发共同构成了完整的ESG衡量标准，三者相互联系、相互促进，对企业的长期发展具有重要作用。不同的评价体系在ESG的指标体系、核心议题、内容特点等方面各有不同，以首都经济贸易大学中国ESG研究院牵头起草的我国首部企业ESG信息披露标准——《企业ESG披露指南》团体标准为例，共包括3项一级指标、10项二级指标、35项三级指标以及118项四级指标。其中，ESG环境维度的构成要素包括资源消耗、污染防治、气候变化；ESG责任维度的构成要素包括员工权益、产品责任、供应链管理、社会响应；ESG治理维度的构成要素包括治理结构、治理机制、治理效能。

此后，各大国际组织开始推动ESG体系的发展，以期建立完备的ESG生态系统。2010年，摩根士丹利资本国际提供ESG独立评级指数。2011年，可持续发展会计委员会（Sustainability Accounting Standards Board，SASB）在美国旧金山成立，其仿效财务会计准则委员会（Financial Accounting Standards Board，FASB）的治理框架，开始制定关于可持续性财务信息的准则，旨在使企业对ESG问题进行报告，建立行业特定的标准。2012年，全球安防产业联盟（Global Security Industry Alliance，GSIA）发布了首期《全球可持续投资回顾》。2015年，气候财务披露工作组（Task Force on Climate-Related Financial Disclosure，TCFD）成立，同年，联合国正式推出可持续发展目标（Sustainable Development Goals，SDG）。2019年，欧盟委员会公布了应对气候变化、推动可持续发展的《欧盟绿色协议》，确立了2050年欧洲成为全球首个"碳中和"地区的政策目标，制定了实施路线图和政策框架，并于2021年发布了《在欧盟开展具有相关性和动态性可持续发展报告准则制定工作的建议》。2023年，美国证券交易监督委员会（United States Securities and Exchange Commission，SEC）的监管部门宣布将ESG投资纳入2023年优先监管事项，以便了解最新的行业发展趋势，并保护投资者不受潜在风险的影响。

当前，ESG已经成为国内外企业的主流投资理念，投资者拥有更强大的工具和更标准化的衡量标准来评估公司信息披露、公司治理和环境风险。作为一个新兴市场，ESG理念逐渐被中国企业接受，越来越多的中国学者和企业也投身于ESG的实践和建设之中。在2021年中国A股上市公司中有1130家公司发布了ESG报告，而在2018年只有872家。

2.2 国外 ESG 实践

ESG 实践是指企业履行在环境、社会、公司治理方面的责任，进而实现企业和社会可持续发展的过程。从具体的实践内容来看，ESG 实践包括了 ESG 投资、ESG 评级、ESG 披露三部分。其中，ESG 披露是前两者的前提条件，ESG 评级是评价和比较的具体方法论，ESG 投资则是后两者实践的结果。成功的 ESG 实践离不开 ESG 投资的理念引导（责任投资）、ESG 评级的社会推动、ESG 披露的企业实践，三者是一个相互衔接、不可分割的整体。当前，国际上主流的 ESG 标准主要以 GRI、ISO26000、SASB 等国际文件作为指引，即联合国环境规划署参与成立的全球报告倡议（Global Reporting Initiative，GRI）所发布的《可持续发展报告指南》、国际标准化组织（International Organization for Standardization，ISO）编制的编号为 26000 的《社会责任指南标准》以及可持续性会计准则委员会发布的《可持续会计标准》。

2.2.1 ESG 政策的监督管理

ESG 实践离不开各个国家的政策以及各种国际组织的倡议。欧盟在《欧洲绿色协议》（EU Green Deal）中承诺到 2050 年达到碳中和。为了支持这一雄心勃勃的目标，加速促进欧盟经济转型，过去几年欧盟已着手发布一系列政策，开启了欧洲的 ESG 政策快速发展期。

2014 年 10 月 22 日，欧盟通过了《非财务报告指令》（Non-Financial Reporting Directive，NFRD），要求其成员国将其转化为法律。为了减轻中小企业的负担，NFRD 仅适用于员工超过 500 人的大型公共利益主体（Public Interest Entity），包括上市公司、银行、保险公司和各成员国认定的涉及公共利益的其他企业。NFRD 要求大型公共利益主体从 2018 年起编报非财务报告，与年度财务报告一并报送和披露，据以使利益相关者了解企业的发展情况、经营业绩、财务状况及其经营活动对社会和环境的影响。NFRD 为欧盟通过立法规范企业非财务报告开了先河，促进了CSR的发展，提高了企业的社会责任意识，对落实里约宣言做出了重要贡献。

2021年6月28日，欧盟国家通过了《欧洲气候法案》（EU Climate Law）。《欧洲气候法案》将框定未来30年欧盟的减排目标：到2030年将温室气体净排放量在1990年水平上减少至少55%；到2050年在全欧盟范围内实现碳中和，到2050年之后实现负排放。这一法律将根据欧盟委员会公布的2030—2050年碳预算指标，确定2040年目标制定机制，展现了不断加大减排力度的雄心。

2022年11月28日，欧洲理事会正式通过《企业可持续发展报告指令》（Corporate Sustainability Reporting Directive，CSRD），并于2023年1月5日正式生效，这是《欧洲绿色协议》的重要组成部分，要求欧盟成员国在2024年7月前将该指令转换为国内法。CSRD将取代《非财务报告指令》，成为欧盟ESG信息披露核心法规。CSRD要求企业披露可能会带来社会和环境问题的相关信息，具有强制性。在公司必须应用CSRD前，NFRD仍将持续有效。

此外，CSRD要求企业必须根据CSRD的配套准则《欧洲可持续发展报告准则》（European Sustainability Reporting Standards，ESRS）进行报告，ESRS主要解决企业如何披露ESG信息的问题，将以授权法案的形式予以实施。2023年7月31日，欧盟委员会正式通过首批ESRS，这标志着欧盟经济向可持续发展转型的进程又迈进了一步。之后，欧盟委员会将把ESRS授权法案提交欧洲议会和欧洲理事会审查。

2021年3月，《可持续金融披露条例》（Sustainable Finance Disclosure Regulation，SFDR）正式生效，SFDR是针对金融市场参与者和金融顾问的相关可持续发展的披露规定条例。2021年2月，欧洲监管机构（ESA）还发布了SFDR的监管技术标准（RTS），RTS主要规定了投资公司及其产品和服务在SFDR规定下的金融公司、管理者和产品层面的披露内容、方法论和产品介绍。随后在 2021 年 10 月 22 日，ESA 发布了最终修订版的 RTS 法案，并确定了符合 SFDR 第 8 条和第 9 条披露要求的金融产品的分类相关披露。可以说，欧盟出台的这些条例和标准是解决"漂绿"问题之路上的一座里程碑。

2020 年 7 月 12 日，《欧盟分类法》正式实施。欧盟分类法是一个绿色分类系统，它将欧盟的气候和环境目标转化为特定经济活动的标准，用于判断什么是可持续的经济活动。分类法为欧洲建立了可持续经济活动清单，是扩大可持续投资和实施《欧洲绿色协议》和《欧洲气候法案》的基础依据和重要推动力，也为仍在草拟阶段的《欧盟绿色债券标准》以及《欧盟环保标签》提供了依据，有助于缩小《巴黎协定》等国际可持续发展目标与投资实践的差距，提升信息透明度，防止金融"漂绿"。这一系列的政策不仅让欧盟在可持续政策和法律规定上处于国际领先地位，直接促进其成员的发展，也间接为其他国家和地区提供了经验借鉴。

综上，CSRD、SFDR 及《欧盟分类法》在欧盟范围内具有法律约束力。这三个条例或指令具有连贯性和互通性，是欧洲关于可持续发展报告法规框架的三大基石（见图 2-1），旨在提供一致、可比较的 ESG 信息，帮助投资者做出知情决策，助力实现欧洲绿色协议的目标。其中，三者的连贯性主要表现为：CSRD 要求公司提供详细的可持续性信息，SFDR 确保金融市场参

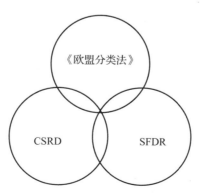

图 2-1　欧洲可持续发展报告法规框架的三大基石

与者在其产品中透露披露可持续性风险和可持续性因素的影响，而《欧盟分类法》则设定了环境可持续投资的定义和标准。三者的互通性主要表现为：CSRD 和 SFDR 适用主体有交叉，都包括银行、保险公司等金融市场参与者。目前受到 NFRD 要求的企业需要从 2024 年 1 月 1 日开始，对《欧盟分类法》中所有的环境目标进行相应的信息披露。

2.2.2 ESG 披露的企业实践

ESG 披露也叫 ESG 信息披露，是企业按照一定标准对外披露企业相关信息、积极履行社会责任、推动可持续发展的一种必要方式，包括强制性披露和自愿性披露两种形式。企业进行 ESG 信息披露对企业自身有很多好处，在向投资者传递出企业表现良好、降低投资者投资企业过程中存在的信息风险的同时，又可以通过信息披露提升公司的治理水平，进而降低企业治理风险。2007 年，纽约证券交易所提出的《可持续证券交易所协议》在推动市场可持续发展化的同时，也进一步完善了 ESG 信息披露制度。各国的 ESG 信息披露的要求都是一个渐进明晰的过程，虽然发展 ESG 的时间长短不同，但都在制定并完善信息披露相关的法律法规，加强对企业信息披露的规范管理。接下来，以美国和欧盟为例展开介绍他们的 ESG 信息披露要求。

美国 ESG 信息披露的监管机构是美国证券交易监督委员会（SEC）、纽约证券交易所及纳斯达克交易所。对于 ESG 或可持续信息的披露要求，主要来源于 SEC 对上市公司的法规和披露文件要求。1977 年，美国通过的《证券法》S-K 条例建议上市公司对环境问题可能带来的金融或法律风险进行披露，SEC 后续在此基础上进行修订，但此时仍秉承自愿原则而未加以强制要求。2018 年，美国机构投资者联名要求 SEC 通过上市企业 ESG 披露新规，强制披露 ESG 信息。2022 年，SEC 发布了上市公司气候变化相关信息披露规则变更草案。

欧洲理事会是欧盟三大机构之一，是欧盟最高决策机构，ESG 信息披露相关的法规须经其通过和签署后方可发布、实施。2011年，欧盟制定了《2011—2014欧盟CSR更新战略》，首次提议以立法形式要求企业披露环境和社会信息。2014年，欧盟正式颁布《非财务报告指令》，规定ESG信息从自愿披露转为强制披露，要求所属成员国将相关实体披露非财务信息的义务转化为法律。2021年，欧盟委员会发布《公司可持续发展报告指令》，经多次讨论和修订后通过欧洲议会审议，并与2022年年底正式颁布。其中CSRD将报告要求的范围扩大到其他企业，包括所有大型企业和上市公司（微型企业除外）；要求对ESG报告进行鉴证；更详细地规定实体应报告ESG信息，并要求按照《欧洲可持续发展报告准则》进行报告。

2022年12月，第三方ESG研究机构Global ESG Monitor（GEM）发布最新《GEM 2022"ESG透明度监测"评级报告》，报告涵盖了来自欧洲、美国和亚洲等10大关键指数中的350家大型企业已发布的ESG报告。此次率先发表的"国际报告"中，有两家蓝筹港股跻身GEM"国际报告"榜单的全球十大，成为全球ESG报告最具透明度的企业之一。此次GEM报告还指出，欧洲企业在全球ESG透明度方面仍相对领先。目前，ESG报告仍未有国际认可的统一标准。GEM联合创办人Michael Diegelmann指出："随着有关ESG重要性的议题在2022年显著增加，企业需要清晰地传达他们在ESG方面做了什么，贡献了什么，如何付出努力。ESG发展正在取得进展，但与此同时，许多大型跨国企业在ESG报告方面仍存在不足，而投资者和公众不会完全忽视这一点。"

2.2.3 ESG评级的社会推动

ESG评级又称为ESG评价，是由商业和非营利组织（即第三方机构）创建的，通过采集企业自主披露的信息，包括年报、可持续发展报告、季报、ESG报告等，结合定性及定量的指标，以评估企业的承诺、业绩、商业模式和结构如何与可持续发展目标相一致，进行加权计算，从而得出相应的ESG评价等级。早期的ESG评价主体主要集中在金融信息服务公司和中小型的咨询公司，随着可持续发展和 ESG 市场需求的不断扩大，以金融机构为主的大型企业通过各种方式逐渐进入 ESG 评级领域。近十几年，国外出现了许多专业的第三方 ESG 评级机构，目前全球共有超过 600 家 ESG 评级机构。但由于发展年限较短、不同机构指标体系不同等原因，至今尚未有全球统一的定义和 ESG 评价体系，各评级体系往往会基于全球报告倡议组织（GRI）、国际综合报告委员会（The International Integrated Reporting Council，IIRC）、全球环境信息研究中心（Carbon Disclosure Project，CDP）等的 ESG 披露标准，并根据 MSCI 等行业分类选取不同的指标并构建方法论，构建完整的 ESG 评价体系。

本书将 ESG 评价体系按国别分为国外 ESG 评价体系和国内 ESG 评价体系。相对来说，国外的 ESG 评价体系起步较早，相对完善；而国内的 ESG 评价体系起步较晚，在认可度、影响力、评价对象覆盖范围等方面远不如国外 ESG 评价体系。目前，国外主要的 ESG 评价体系包括明晟（MSCI）、路孚特（Refinitiv）、KLD、富时罗素（FTSE Russell）、Sustainalytics、Robeco SAM 等。不同的评级机构有着相互独立的指标体系以及不同的量化方法论。例如，明晟（MSCI）是美国指数编制公司，创建于 1986 年，总部位于纽约。MSCI 测量并评估环境、社会责任和公司治理问题，以期为公司和投资者的决策提供更优的见解。ESG 评价指数是 MSCI 旗下公司编制的多种指数中常被用作投资参考的指数之一，其评估逻辑是"行业归类、个股基本面分析、相对排序、综合评分、编制指数，"评级指标体系包括 10 个主题以及对应的 35 个关键议题，评价框架包括"搜集数据、风险暴露度量与公司治理度量、关键指标的评分与权重和 ESG 评价的最终结果"4 个步骤。明晟（MSCI）在 E、S、G 三个维度上有 10 项一级指标，37 项二级指标，采用 AAA、AA、A、BBB、BB、B 和 CCC 7 个等级。

富时罗素（FTSE Russell）是独立金融指数公司英国富时集团（FTSE Group）编制的指数，其在 ESG 评价领域拥有长达 20 年的经验。在评价方法方面，除了 FTSE Russell ESG 评价体系之外，还通过富时罗素绿色收入低碳经济（LCE）数据模型对公司从绿色产品中产生的收入进行界定与评测。此外，富时社会责任指数（FTSE4Good Index Series）是由富时集团于2001 年创立并推出的一种责任投资指数。该体系致力于衡量在环境、社会与治理方面表现出色的公司的绩效，旨在确定、促进满足全球公认的企业责任标准的公司投资，并逐渐成为创建或评估可持续投资产品时经常使用的工具。

路孚特（Refinitiv）是伦敦证券交易所集团（LSEG）旗下公司，是全球最大的金融市场数据和基础设施提供商之一，其提供的服务包括全球领先的 ESG 数据、见解、交易平台、技术平台等。路孚特旨在为市场提供一流数据，同时在此基础上评估公司 ESG 表现。其评价体系是由社会、环境、治理和争议指标 4 个维度构成。其中，环境维度包含资源使用、排放、创新 3 项一级指标；社会维度包含劳动力、人权、社区和产品责任 4 项一级指标；治理维度包含管理、股东和企业社会责任战略 3 项一级指标；争议指标维度包含社区、人权、管理、产品责任、资源利用、股东和劳动力 7 项一级指标和 23 项二级指标。

ESG 评级的发展必然离不开各大评级机构的推动。评级机构的作用是为投资者提供更加准确的企业 ESG 信息，减少公司和其利益相关者之间信息不对称的问题，进而使得企业 ESG 行为更加公开化。随着 ESG 理念在全球得到进一步认可，ESG 评级机构对于投资者的作用显得愈发重要。不同评级机构使用不同的评价体系，其评级标准、数据来源、评级方法、报告的内容和格式都不尽相同。评价体系是企业 ESG 表现的载体，评价体系的指标形式和评价方法只是 ESG 行为的量化表现，重要的是形式和方法背后的有效性，只有科学合理的评价体系才能对企业过去绩效与未来表现进行计算，客观真实地反映企业真正的 ESG 水平。

2.2.4 ESG 投资的理念引导

ESG 投资也可以叫作狭义的可持续投资，是指在投资研究实践中融入 ESG 理念，即在传统财务分析的基础上，在投资决策过程中同时考虑环境、社会和治理因素。在传统的投资中，一般使用基于财务信息的指标作为投资标准之一，例如市净率（Price-to-Book Ratio，PBR）、市盈率（Price Earnings Ratio，PER）、权益净利率（Return on Equity，ROE）和预期未来现金流。但 ESG 投资将传统投资中放在末位的投资对环境和社会产生积极影响的因素放在首要位置，充分考虑了非财务信息，并通过 E、S、G 三个维度考察企业中长期发展潜力，希望找到既创造股东价值又创造社会价值，具有可持续成长能力的投资标的。传统投资的目标仅仅是获得财务回报，而 ESG 投资的目标是获得财务回报和社会回报，追求社会回报是两者间的关键性区别。

ESG 投资这一概念是在其他众多投资理论的基础之上形成与发展的，包括伦理投资、绿色投资、社会责任投资等。伦理投资起源于宗教，以伦理道德为落脚点发，寻求经济价值与社会价值的结合；绿色投资聚焦环境绩效、绿色产业、减少环境风险，创造环境价值；社会责任投资是主要围绕经济、可持续发展、法律、道德四方面的责任实践；而 ESG 投资是以现代公司治理理论为支撑，是融合环境、社会、治理评价的整合类投资。此外，可持续投资是 ESG 投资的扩展，ESG 投资也常被称为（狭义）可持续投资。广义可持续投资兼顾多个维度，包含了对 E、S、G 产生正面影响的所有投资行为，是一种以长期目标为导向的投资方法，可以涵盖 ESG 投资、社会责任投资和影响力投资等众多投资类型。

ESG 投资理念的历史较早，但直到 2006 年责任投资原则组织成立，正式肯定了 ESG 因素对投资组合收益的影响，ESG 投资理念才逐渐被大众熟知。在此后的十几年里，ESG 投资在财务回报方面的影响成为人们关注的焦点。各国政府、国际组织以及投资机构等各大组织不断完善 ESG 投资的

机制、深化 ESG 投资的理念，相关政策、评价标准和投资产品也持续推出，
ESG 投资理念进入加速发展的黄金时期。2019 年以来，全球金融市场尤其
是成熟市场投资者积极践行 ESG 投资理念，全球可持续投资资产规模持续
扩容。据全球可持续投资联盟（GSIA）统计，截至 2020 年年末，全球主要
经济体基于可持续投资理念的专业化资产管理总额达到 35 万亿美元，约占
全球投资资产总量的 36%，较 2018 年增加 15.1%，较 2016 年增加 54.2%⊖。
据 MSCI 测算，未来 5 年全球投资规模中将有 57% 受到 ESG 策略的驱动或
影响。据责任投资原则组织披露，截至 2021 年年末，全球已有超过 4600 家
资产管理机构和资产所有者签署 PRI，承诺积极践行 ESG 投资理念。

目前，各国致力于构建 ESG 金融生态体系，即将政府及国际倡议组织、
企业、资产管理者及资产所有者，以及金融产业链上各类中介服务机构紧密
联系在一起，共同推动 ESG 投资理念的发展。这主要表现在以下几个方面：
ESG 投资在不同类型的资产中都有涉及，从类别上看，目前 ESG 投资理念
在权益类资产上的实践更为成熟，且正逐步往固定收益类资产领域拓展；债
券发行人积极发行 ESG 主题债券，助力 ESG 债券市场扩容，同时重视并积
极回应投资人对 ESG 议题的建议，实现可持续发展；多维度践行 ESG 投资
理念，包括直接投资 ESG 主题资产标的、将 ESG 因素纳入信用分析及投资
决策中、积极主动与债券发行人就各项 ESG 议题进行沟通交流三种方式。

全球可持续投资联盟（GSIA）在 2019 年根据金融机构的投资组合选择
和管理，将 ESG 投资策略分为 "ESG 整合法、正面 / 同类最佳筛选法、负
面 / 排斥筛选法、规范筛选法、主题投资法、影响力投资、企业参与投资" 7
种（Nakajima and Hamori，2021），这体现了 ESG 投资策略的多元化。其
中，ESG 整合法是投资经理系统而明确地将环境、社会和治理因素纳入财务
分析的投资策略。通过管理长期投资基金的机构投资者的积极使用，使得这
一投资策略的使用范围正在迅速扩大。正面 / 同类最佳筛选法是投资于相对

⊖　GSIA. Global sustainable investment review[J]. Biennial Report, 2020.

于行业同行具有积极 ESG 表现的行业、公司或项目。负面/排斥筛选法是 SRI 的源头，是基于特定 ESG 标准排除某些行业、公司或实践的基金或投资组合，例如与武器、核能、童工、酒精、烟草和赌博有关的公司的股票就被排除在投资组合之外。规范筛选法是根据国际规范［如经济合作与发展组织（OECD）等发布的准则］对商业实践的最低标准进行投资筛选。主题投资法是对与可持续性相关的主题或资产的投资（如清洁能源、绿色技术或可持续农业）。影响力投资是旨在解决社会或环境问题的有针对性的投资，包括社区投资，其中资本专门针对传统上服务不足的个人或社区，以及向具有明确社会或环境目的的企业提供融资，许多小企业也被列入投资对象。企业参与投资是利用股东权力影响企业行为，包括通过企业直接参与、提交或共同提交股东提案，以及在全面的 ESG 指导方针指导下进行代理投票。

ESG 实践从政策、披露、评级和投资四个方面分别调动了国家、公众和企业三个主体，全方位地促进全社会的发展导向转型绿色可持续。社会主体在理念、行动准则、具体的实践行为层面都正在发生积极的变化。

2.2.5　国外企业的 ESG 实践

随着 ESG 投资理念在全球快速兴起，ESG 逐渐成为国际资管行业的一种主流投资理念和投资策略。在海外，ESG 拥有庞大的参与群体。截至 2018 年年末，全球已有 50 多个国家共 1905 家机构投资者签署了 UN-PRI（联合国负责任投资原则）合作伙伴关系；截至 2021 年年底，全球 60 多个国家共接近 4000 家投资机构签署了 UN-PRI 合作伙伴关系，管理的资产规模接近 120 万亿美元。截至 2023 年 6 月末，全球已有超过 5370 家机构签署 UN-PRI，管理资产总规模超过 121 万亿美金。参与机构包括全球知名金融机构及养老基金等，如资产管理公司贝莱德、欧洲安联保险公司、对冲基金英仕曼、美国加州公共雇员退休基金等。ESG 因素越来越多地被纳入研究和投资决策体系中。

第 3 章　ESG 在中国

ESG 理论起源于国外，于 21 世纪被引入中国市场，并结合中国国情在国内得到快速发展。近些年来，中国正在建立健全绿色低碳的经济体系，提升经济发展中的"绿色"成分，ESG 作为践行绿色可循环经济体的重要手段，受到了政府、评价机构、投资者、企业以及民众等多方关注和高度重视。

3.1　国内 ESG 的探索

自 ESG 理念进入中国市场后，中国学者积极对 ESG 相关问题进行探索。早在 2016 年，就已经有金融学者注意到了国外 ESG 信息披露的实践，提出要学习并借鉴国际经验，促使我国在上市公司 ESG 信息披露标准上逐步与国际市场接轨，为金融市场的对外开放奠定好基础（马险峰等，2016）。之后，陆续有学者进一步指出金融业不仅需要发展和完善自身的 ESG 体系，还会由于金融企业与各类实体企业产生直接或间接的联系，影响到实体企业 ESG 的发展，基于此，有学者提出了中国金融 ESG 体系的实施问题，并给出了相关建议（操群和许骞，2019）。还有学者建议 ESG 理念可以用于重塑公司报告的框架，促使股东导向的财务报告与相关者导向的可持续发展报告相互融合（黄世忠，2021）；并进一步探讨了 ESG 表现与企业融资成本之间的关系，发现 ESG 表现对企业权益融资成本有显著负向影响，对其债务融资成本有显著正向影响（陈若鸿等，2022），进一步验证了金融 ESG 体系对推动实体企业发展的作用。随着理论界对 ESG 的关注，ESG 正逐渐成为我国可持续发展研究的热点。由于中国发展道路与西方的差异，在 ESG 理论体系的探索上，中国学者的研究体现出对中国社会及企业发展特有的观察和思考。

中国学者对 ESG 理论的探索与贡献在国家发展层面、制度层面、价值共创层面等均有所体现。

在国家发展层面，高质量发展是全面建设社会主义现代化国家的首要任务，要坚持以推动高质量发展为主题落实好各项经济工作（何立峰，2022）。不少中国学者通过将 ESG 理论与我国国家发展相结合，探究新时代背景下 ESG 中"可持续发展""绿色投资"等理论与中国发展中"双碳""绿色转型""高质量发展"等目标的内在联系，从国家发展层面为 ESG 理论的发展做出了贡献。在国家层面最重要的探索就是构建理论分析框架。有学者通过构建 ESG 理论分析模型，探讨中国特色 ESG 体系对绿色转型和高质量发展的潜在影响及作用机制，并从健全制约机制、注重综合评价和调节融资约束三个层面提出完善建议（吴晨钰和陈诗一，2022）。也有研究正在尝试构建 ESG "101"⊖理论分析框架，探讨在我国双碳目标的指导下 ESG 与上市公司高质量发展之间的关系（张小溪和马宗明，2022）。

在制度层面，中国制度是能根据时代发展和社会变迁而不断做出改革调整的优秀制度。部分学者通过将 ESG 理论与中国制度相结合，探究了新时代背景下中国特色 ESG 体系的制度建设。例如，信息披露制度、投资管理制度、监管制度，从制度层面为 ESG 理论的发展做出了贡献。在双碳背景

⊖ 第一个"1"代表政府及监管部门自上而下的参与，包括党组织参与、政策要求等；"0"代表环境、社会责任、以及公司治理之间的相互作用；第二个"1"代表资本市场自下而上的参与并发挥有效资源配置的功能。

下，ESG 投资将会迎来百万亿级的碳中和投资需求，但也面临着两者结合中所涉及的方方面面的更高要求，尤其是在制度推动方面。健全的 ESG 制度是 ESG 发展的坚实基础，制度体系的建设与实施需要循序渐进、分步推动，做到分类实施、分步实施、考虑实施成本。其次，不同国家存在制度差异的问题，我国在遵从全球制度建设大趋势的同时，也要结合国内自身的发展阶段、发展基础和发展机制的特点，构建适合中国企业可持续发展的制度体系（张慧和黄群慧，2022；李晓蹊等，2022）。

在价值共创层面，价值共创是突破传统价值创造观点的一种新的价值创造形式，以用户为中心挖掘企业核心竞争力。价值共创是 ESG 的生命力，而 ESG 是在企业实现社会价值和经济价值取得平衡的基础之上，为整个社会与企业自身创造长期价值。自 ESG 被引入中国以来，各方主体积极探寻 ESG 的中国方案，努力构建参与者生态，共同创建商业之上的价值。部分中国学者通过将 ESG 理论与价值共创相结合，探究了新时代背景下 ESG 与价值共创的内在联系与实践路径等问题，证明了 ESG 可以持续推动价值共创，只有跳出传统的社会责任认知，从高质量发展的大格局出发，才能真正引领价值共创。在这方面，学者们在密切关注中国企业的实践，并从中探索价值共创的可能路径（赵艳和孙芳，2022）。

3.2　国内 ESG 的现状

中国学者们积极探索符合中国国情的 ESG 理论体系，以期更有效地指导中国社会发展各类主体的 ESG 实践。在实践界，ESG 的相关主体们也在积极尝试各种行动，推动 ESG 在中国的发展。与国外 ESG 实践过程相对应，国内的 ESG 实践也可以从 ESG 披露、ESG 评级、ESG 投资三个方面进行，且部分中国企业率先开展了 ESG 实践，并取得了阶段性成果。

3.2.1　ESG 披露的企业实践

在国内 ESG 披露方面，我国 ESG 信息披露初步形成了一套以政府为主导，证监会、交易所为辅的中国特色制度体系。从政府主导方面看，目前，国内 ESG 相关政策法规主要集中在信息披露方面。2012 年，香港交易所发布的《环境、社会和治理指引》首次将"如果不披露，请解释为什么？"这一原则引入资本市场。2018 年，中国证监会修订《上市公司治理准则》，规定上市公司应当依照法律法规和有关部门的要求，披露"环境信息以及履行扶贫等社会责任相关情况"，对全部上市公司提出强制性环境信息披露要求。2020 年，修订后的《IPO 指引》将披露 ESG 信息作为申请 IPO 的必要条件之一。2021 年，中国人民银行发布《金融机构环境信息披露指南》，从治理结构、政策制度、风险管理、环境影响等方面对金融机构信息披露提出建议。2022 年 4 月，中国证监会正式发布《上市公司投资者关系管理工作指引》，要求上市公司增加环境、社会、治理信息披露，强化对上市公司的约束，积极响应境内外投资者对可持续发展投资的需求。

中国 ESG 披露标准体系的建立具体包含四个步骤：第一，基于对国内外 ESG 相关标准的分析，采用主题建模、网络分析和聚类分析方法，提炼出共性的 ESG 通用标准和金融业及零售业的行业特色模块。第二，基于对企业 ESG 相关报告和国内典型企业的分析，采用频度分析法和案例分析法，识别出应用较为广泛的通用指标和金融业及零售业的行业特色模块。第三，基于对国内 ESG 相关政策的分析，采用文本分析法提炼出具有中国特色的相关 ESG 议题。第四，对得出的 ESG 通用标准和金融业及零售业的行业特色模块进行汇总，通过德尔菲法，邀请相关专家依据标准内容和标准质量依据的 11 条原则对归纳的条目进行评分，对标准体系进一步优化调整确定。

从企业披露实践看，企业重视 ESG 相关报告的披露。越来越多的企业开始重视 ESG 定量分析与绩效评估，运用企业 ESG 绩效量化方法，精准管理 ESG 信息披露策略，通过可量化的工具提升企业 ESG 真实价值。主动发布并不断完善 ESG 相关报告，提升 ESG 评级水平。就 2021 年各大数据库对中国企业的分析，从企业性质来看，ESG 披露表现最好的是受政府监管最为严格的国有企业；从行业分类来看，工业发布 ESG 披露数量最多，金融业报告发布率占比最大，能源业发布率较上一年增速最快。

以中国铝业股份有限公司（以下简称"中国铝业"）为例，中国铝业是中国铝业集团有限公司的控股子公司，是中国铝行业的头部企业，其中 A 股被美国明晟纳入中国 A 股在岸指数，H 股被香港恒生纳入中国企业指数及恒生可持续发展企业指数系列。中国铝业着力提升 ESG 管理水平，强化 ESG 信息披露，于 2022 年 3 月发布了 2021 年度 ESG 报告，并于 2022 年 6 月在中国铝业集团有限公司"降碳节"活动上进行了线下发布，这是中国铝业连续 6 年披露 ESG 报告。与以往年度相比，2021 年度，公司根据境内外监管机构对上市公司 ESG 信息披露的最新监管要求和资本市场的诉求，进一步丰富、完善了公司 ESG 制度建设，拓展、强化管理实践，并加强了公司 ESG 信息披露，主要呈现以下亮点：锚定目标，积极践行双碳战略；自我加压，降低危废物排放；负责任开采，注重环境修复；人文关怀，加强人才队伍建设；坚守底线，确保员工健康与安全。

3.2.2　ESG 评级的社会推动

在国内 ESG 评级方面，我国也在积极构建符合中国发展规律的评级体系。目前主流 ESG 评级体系有华证、中证、商道融绿、社会价值投资联盟、万得等。其中，中国证券投资基金业协会和国务院发展研究中心金融研究所的 ESG 评级体系分别构建了环境责任、社会责任和公司治理指标体系以及评分方法。在一级指标上，环境责任维度包括整体信息环境风险暴露等 4 大类一级指标；根据上市公司的不同利益相关者，社会责任维度分为股东、员工、客户和消费者等 6 项一级指标；公司治理维度考虑公司战略管理、公司治理结果等 4 项一级指标；然后，根据一级指标下设相应的二级指标。商道融绿是国内较早进入绿色金融和责任投资领域的服务机构，其 ESG 评价体系包含三级指标：一级指标为环境、社会和公司治理三个维度；二级指标为环境、社会和公司治理下的 13 项分类议题，如公司治理下的二级指标包括商业道德、公司治理负面事件等；三级指标将会涵盖具体的 ESG 指标，共有 200 多项三级指标。2022 年 7 月，深交所全资子公司深圳证券信息有限公司正式推出国证 ESG 评价方法，并发布基于该评价方法编制的深市核心指数。国证 ESG 评价方法在环境、社会责任、公司治理三个维度下，设置了 15 个主题、32 个领域、200 余个指标，覆盖深交所上市全部 A 股公司，采用行业中性处理，季度更新评价结果。2022 年年底，全球最大指数公司明晟（MSCI）上调其对联想集团的 ESG 评级至 AAA 级，为全球最高等级。

不仅是企业界在积极探索评价体系，理论研究也势在必行。2020 年 7 月，第一创业等企业与首都经济贸易大学合作，共同成立了中国 ESG 研究院，搭建引领中国 ESG 研究和 ESG 成果开发转化的信息发布和沟通交流平台，并将"以 ESG 引领中国企业高质量可持续发展"作为发展使命。理论与实践的结合，积极推动了 ESG 体系建设的规范发展。2022 年 6 月，中国 ESG 研究院首次推出 ESG 评价指标的团体标准。2022 年 11 月，由首都经济贸易大学牵头起草的《企业 ESG 评价体系》团体标准、《企业 ESG 报告编制指南》（T/CERDS 4—2022）团体标准正式发布。

总体来看，虽然目前针对中国的已有研究不够丰富，在数据选取方面也有局限性，所使用的 ESG 评级数据多为自行构建的细分维度评级指标，数据权威性不足，且无法全面衡量企业 ESG 表现，但企业的参与热情仍然高涨。企业参与评级，一是促进企业重视 ESG 管理实践，将 ESG 理念融入战略层面和运营管理，识别出影响自身长期可持续发展的风险和机遇；二是可以对标国际最佳实践和披露准则，获得更多投资人的关注；三是助力企业重视经济社会价值提升，顺应当前国家监管趋势、主动作为，促进企业绿色低碳转型。越来越多的企业已经认识到，ESG 评级在促进企业自身发展的同时，还积极推动落实国家战略，增进民生福祉，是企业实现双赢的主要抓手。

3.2.3　ESG 投资的理念引导

在国内 ESG 投资方面，ESG 投资作为一股新兴风潮，对中国市场来说是机遇也是挑战。自中国市场引进并发展 ESG 以来，中国已逐渐成为世界上规模最大、增长最快的资管市场，为全球的发展做出了又一大贡献。一般来说，资本市场借助 ESG 进行有责任的投资或可持续投资，其本质是在企业的投资决策评估系统中引入非财务信息（翟悦彤和郝佳旗，2022）。2015年，在中国人民银行的鼎力支持下，中国金融学会组建成立了"中国金融学会绿色金融专业委员会"（以下简称"绿金"），深入开展绿色金融研究，旨在为建立中国的绿色金融政策提供参考。2017 年，中国证券投资基金业协会首次面向基金行业展开了专业的 ESG 投资研究，提倡 ESG 的投资理念，并于 2018 年与国务院发展研究中心金融研究所进行合作，在 ESG 资产管理领域取得阶段性成果。2018 年，摩根士丹利国际指数被纳入中国股票市场，并评价了 ESG 的表现。

当然，从 ESG 投资引入中国市场至今，ESG 在国内资本市场上的投资整体来看还处于发展初期。在市场发展较快但经验相对缺乏的情况下，ESG 责任投资在我国资本市场的应用中确有一些不容忽视的问题阻碍了市场及企业的高效成长。例如，ESG 的负责任的投资观念影响不大，我国资本市场的部分投资者在投资上看重短期利益，进而使得投资主体对 ESG 缺乏足够的认知；ESG 分类的初步研究只局限于传统的信贷评估而没有充分考虑可持续发展与社会责任等。同国外的 ESG 投资相比，我国 ESG 投资完善度不足，ESG 投资模式有待改进，还有很长一段路要走。但整体来讲，自 ESG 投资概念传入我国以来，一直保持着较高的活跃度，引来了越来越多的投资者的关注，也逐渐形成了鲜明的中国特色。国内的 ESG 投资是认清 ESG 新发展理念的本质同中国新发展阶段的要求相一致的投资，是寻求国际标准与中国特色相融合的投资，是在发展中探索、在探索中成长的投资。国内的 ESG 投资已经受到了投资者和监管机构的高度重视，随着经济的转型升级与金融体系的不断完善，国内 ESG 投资将会迎来大量的发展机会，助力经济社会高质量可持续发展。

3.2.4 中国企业的 ESG 实践

作为 ESG 实践最重要的主体，企业的 ESG 表现直接体现了该地区的 ESG 发展水平。在中国，企业对 ESG 的接受程度和 ESG 意识表现出了较为成熟且稳健的发展态势，这将持续推进 ESG 实践在中国市场的发展与提升。相较国外企业而言，中国企业的 ESG 实践具有起步较晚、参与企业众多、发展速度较快等特点，ESG 所反映的理念既符合新时代国内企业转型的目标，也符合国家近年提倡的绿色发展、高质量发展等理念。随着我国企业在世界影响力的增加，尤其是中国 A 股正式纳入 MSCI 新兴市场指数以后，国内上市公司接受了 MSCI 公司的 ESG 研究和评估。至此，国内掀起了对 ESG 研究的浪潮，ESG 投资理念成了当时乃至现在炙手可热的关注点。

整体来看，毕马威中国发布《2022 可持续发展报告调查》中显示，约 3/4 发布报告的公司进行了重要性评估并披露了相关议题，在中国 N100 中这一数据为 64%。报告也对企业对自身、利益相关者及更广泛的社会影响的报告情况进行了调查，G250 中有 39% 的公司同时报告了这三种影响⊖。据中证 ESG 数据统计，截至 2022 年 8 月 31 日，在中证全指的 404 家央企上市公司中，有 261 家披露了单独编制的 2021 年社会责任报告（含可持续发展报告、ESG 报告，环境、社会责任和公司治理报告等不同命名方式的社会责任类报告），披露率达 64.60%。而上一年同期，只有 223 家央企上市公司披露了单独编制的 2020 年社会责任报告。可见，2022 年央企控股上市公司

⊖ 毕马威会着重研究两类企业的表现：N100 和 G250。"N100"代表样本国家中最大的 100 家企业；"G250"代表位于"财富 500 强"前 250 位的企业。

ESG专项报告披露呈明显加速之势。

中国企业的ESG实践是有别于国外的且具有中国特色的。正如前文所言，具体可从E、S、G三个层面体现。首先，中国企业的ESG发展与实践是从E（Environmental，环境）入手践行自然增益型经济。例如，绿色债券、绿色保险、绿色产业基金等。自20世纪世界经济快速发展以来，环境相关问题早已成为企业发展过程中不可逃避的问题。中国企业不仅需要关注国际上普遍存在且在当下引发热议的问题，还须结合国内相关政策以及企业当地存在的具体问题。但无论是哪个层面的问题，企业的ESG实践都需要首先在E上表现为自然及环境因素的正面影响大于负面影响，进而提高企业整体的ESG竞争力。企业整体的ESG竞争力的提高反过来又会影响企业对自然以及环境的影响不断趋向正面，形成有利于企业发展的正向环境循环。

其次，中国企业的ESG实践是在S（Social，社会）中履行好应承担的社会责任，助力全体人民实现共同富裕。企业的ESG实践离不开政府、员工、客户、供应商和社区等利益相关者，企业要关注并处理好与利益相关者的关系，履行相关责任。履行好员工责任，处理好与员工间的关系，回应员工的诉求与期望，履行对员工的责任；打造可持续供应链，将ESG理念融入企业战略与运营管理中，探索以可持续供应链创新与变革推动企业经营管理的创新与变革、行业发展的变革；积极回馈社会，严格落实依法缴纳税收、积极参与慈善捐赠、投资社区发展等行为，用实际行动为全体人民共同富裕做贡献。随着时代的发展和科技的进步，社会对企业的认知和预期也在不断提升，仅实现企业自身经济效益和短期发展已经难以满足企业的现实需求，企业需要主动抓住并适应ESG体系，实现其社会价值和长期发展。

再次，中国企业的ESG实践是用G（Governance，治理）塑造可持续的公司治理制度，包括企业的ESG理念、ESG制度和ESG行为认知三个层次。好的公司治理理念需要企业建立负责任的经营管理机制和制度，建立负责任的可持续发展的企业文化。企业以可持续发展这一理念为导向完善企业价值观，打造企业 ESG 治理体系，制定 ESG 战略，建立 ESG 模型，搭建 ESG 体系；企业把风险和机遇作为管治重心，构建企业 ESG 制度文化，以制度化的方式实现与利益相关者的精准高效沟通，对 ESG 风险和机遇快速捕捉和处理，提升公司治理效能；企业在管理和运营中进行系统的 ESG 实践，倡导 ESG 行为文化，以指标管理为抓手，以利益相关者关注点为导向，推动制定 ESG 规划，编写 ESG 手册，发布 ESG 报告，促进形成新的 ESG 管理和决策行为。

中国企业的 ESG 实践也在无形中助力了中国式现代化。2022 年 10 月，党的二十大报告提出中国式现代化，为中国企业的未来发展提供了根本遵循，为构建符合国际通行要求、具有中国特色的 ESG 体系提供了方向指引。中国企业在建立健全现代企业管理制度、创建世界一流企业的过程中，明确践行 ESG 路径，积极推进 ESG 实践，正是为中国式现代化做出贡献的具体表现。具体来讲，中国企业以 "E" 助力人与自然和谐共生的现代化，以 "S" 助力全体人民共同富裕的现代化，以 "G" 助力物质文明和精神文明协调的现代化，以 ESG 助力中国企业走出去，助力走和平发展道路的现代化。目前，我国 "创新、协调、绿色、开放、共享" 的新发展理念在一定程度上为中国企业的 ESG 实践提供了中国式指导。可以说，中国企业在建立健全现代企业管理制度、创建世界一流企业的过程中，积极推进 ESG 实践，正是为中国式现代化做出贡献的具体表现。

此外，我国采用经济活动同质性原则划分国民行业。根据我国 2022 年公布的《国民经济行业分类》（GB/T 4754—2022），我国行业分为 20 个门类、97 个大类、473 个中类、1381 个小类。由于行业性质的差异，不同行业 ESG 实践的年限、方向、侧重点等各有不同，但在新的时代背景下，各行各业都在加快低碳转型进程、建立健全 ESG 体系。依据《中国 ESG 发展报告（2022）》得到的 2021 年全行业 4685 家企业 ESG 总得分及环境（E）、社会（S）、治理（G）各分项得分的描述性统计结果发现，在 ESG 总得分方面，4685家企业的平均得分为27.13，说明上市公司ESG得分偏低。标准差为6.59，得分最大值64.65与得分最小值7.48相差57.17分，上市公司间的极值数据差异较大。因此，我国上市公司对ESG方面的重视程度有待提升，对于企业可持续发展的关注处在较低水平。

在金融业，金融机构特别是上市金融机构在我国较早披露ESG相关报告并实施ESG鉴证，每年披露ESG信息的A股上市公司中金融机构的披露率都远远高于其他行业。相对国内其他行业来看，金融业是我国ESG信息披露起步较早、披露比例较高的行业，具备ESG实践的良好基础，也为其他行业的ESG实践提供了参考，具体体现在以下五个方面（曹国俊，2022）：第一，积极参与ESG信息披露与国际标准制定。金融机构既有自身运营产生的直接排放，又有通过投融资活动产生的间接排放，涉及金融行业特征的国际标准有待细化。第二，建立与转型金融相适应的金融机构ESG信息披露框架。我国ESG信息披露体系须在现有社会责任披露基础上，向定量化、战略化、过程化方向重构与整合。第三，探索实施"财务信息＋ESG信息"综合报告机制。实施综合报告鉴证有利于更好评价金融机构信息披露质量，为发展可持续金融、防控金融风险提供更好支持。第四，健全ESG鉴证的监管支持体系。ESG信息是金融机构披露落实监管要求情况的重要载体，在发展ESG外部鉴证的同时应逐步将ESG信息纳入政府审计范畴，织密ESG信息监督网。第五，完善金融机构内部ESG治理机制。金融机构内部治理是提升ESG信息披露及鉴证质量的内在基础，要逐步将ESG要求纳入公司治理法规体系，定期审阅ESG战略进展。

在信息传输、软件和信息技术服务业，各大信息科技公司积极构建稳定、安全、可靠、绿色的大数据中心和算力基础设施，践行绿色能源应用，在绿色低碳技术创新与应用方面积累经验，积极推动企业实现绿色发展之路。中国互联网协会发布的《中国互联网企业综合实力指数（2021）》显示，自2010年至2023年4月，互联网行业综合实力前100企业发布社会责任/ESG报告共208份报告，其中CSR、ESG、可持续发展等报告的披露内容通常较为全面地涉及社会责任/ESG核心主题，即全面披露报告，共183份；披露内容通常为特定的某一核心主题的报告，即专项披露报告，共25份。全面披露报告占比远高于专项披露报告，仍是互联网企业披露社会责任/ESG信息的主要载体，而随着利益相关者的关注重心逐步从模糊向清晰转变，主题相关的政策法规不断出台，专项披露报告陆续出现且越发侧重于政策法规以及社会热点，形成了当前多元发展的新态势。

在电力、热力、燃气及水生产和供应业，电力行业公司持续推进电源结构优化调整，不断提升清洁能源占比，减碳降碳取得明显成效。例如，川能动力大幅提升风力和光伏等新能源发电装机规模，2022年实现新能源发电上网电量超27亿千瓦时，相比火力发电，实现二氧化碳减排近200万吨，节约标准煤超80万吨。数据显示，截至2022年年底，全国全口径发电装机容量25.6亿千瓦，同比增长7.8%，其中非化石能源发电装机占总装机容量比重接近50%，电力行业绿色低碳转型成效显著。近几年，能源行业相关企业积极响应政策号召，布局光伏、风能电站业务，通过自主开发、投资和运营可再生能源电站项目，推动电力能源从高碳向低碳、从以化石能源为主向以清洁能源为主转变。

以汽车制造业为例，2022年中国中车集团有限公司（简称中国中车）研发绿色生产装备，节省底漆用量约30%；广汽集团、上汽集团等五大乘用车企业实现新能源汽车销量约170万辆，同比增长57%。宁德时代相关负责人表示，宁德时代通过四大创新体系，在矿、大宗原材料、电池材料、电芯制造和电池系统五大关键节点实现技术降碳，推动建立健康、低碳、环保、可持续发展的电池价值链。以医药制造业为例，根据中财大绿金院数据统计，截至2023年4月底，A股共有103家医药制造业上市公司披露了ESG报告或社会责任报告，总体披露率为32.8%，略低于33.72%的全行业水平。从ESG评级结果来看，有82家获得A，占比为26.11%；114家为B，占比 36.31%；评级为 C 和 D 的公司各分别占比 19.11%。大多数医药制造业公司对 ESG 的战略认知和执行还存在一定不足，同时 ESG 能力也有较大提升空间。

当然，由于 ESG 实践在中国还处于探索阶段。中国企业的 ESG 实践也出现了发展参差不齐的现象。

第一，企业在制定 ESG 报告时参照的披露标准不一，涵盖了之前的社会责任报告标准，国际上的可持续发展报告标准，以及香港的 ESG 报告指南等。

第二，不同企业的 ESG 报告甚至在名称、形式、结构上也不统一。绝大多数企业仍习惯采用 CSR 报告，改用 ESG 报告基本上从 2022 年才开始，其他类似名称有"可持续发展报告""社会责任暨环境、社会及管治报告"等。ESG 报告或"社会责任与 ESG"报告基本上是从之前的社会责任报告转化而来。可以说，企业社会责任报告在一定程度上是中国企业 ESG 信息披露的前身。目前一些企业发布的一些 ESG 报告的议题上与其上一年的议题基本上没有太大的差异，只是在框架上更加注重了 E、S、G 三个部分的区分，并且更加突出了环境要素的披露。

第三，企业披露报告存在主动披露和被强制性披露的差异。目前中国内地对 ESG 报告的披露并没有强制性要求，但是如果内地企业在中国香港或伦敦交易所上市，依据要求，必须强制性披露 ESG 报告。例如安踏体育、联想集团就属于此类。此外，一些特定行业的控排企业，例如能源、环保、采矿企业等，一直被强制性地要求披露环境评价报告。这类企业在环境评价报告的基础上编制 ESG 报告会比较容易，因此这类企业大多会主动披露 ESG 报告。2022 年 5 月 27 日，国资委网站发布《提高央企控股上市公司质量工作方案》，其中明确提到，要推动更多央企控股上市公司披露 ESG 专项报告，力争到 2023 年相关专项报告披露"全覆盖"。因此，许多央企国企为了合规性要求，会主动披露 ESG 报告。除此之外，其他企业的披露也会存在主动披露和被动模仿的差异。

第四，信息披露不契合企业或行业实际，跟风现象明显。例如有 ESG 报告的"董事长致辞部分"都会提到积极践行"双碳"目标，但实际内容却与其无关；有公司的 ESG 报告会展示企业荣誉奖项等。这样的报告使 ESG 这个新概念更多沦为企业宣传自己的手段和工具。

第五，目前只有部分 ESG 报告有独立鉴证。例如交行在 2020 年和 2021 年都聘请普华永道会计师事务所对其 ESG 报告做出注册会计师独立鉴证报告。很多企业的 ESG 报告并没有请会计师事务所进行独立鉴证，因此他们的报告无法保证关键数据披露的真实性。

3.3 未来发展趋势

随着各行各业低碳环保意识的提升，我国 ESG 未来发展趋势也更加明朗。目前，国内外 ESG 投资规模不断增加，ESG 投资已成为投资领域新动向。我国 ESG 投资理念与国家战略高度契合，相关投资规模增长势头迅猛，众多传统资产正在加快"绿色"转型进程，可再生能源机会和新旧能源转换等指标的重要性显著增加，清洁能源、绿色制造等行业或将迎来较为可观的行业红利。ESG 的热度将会持续攀升不下，总体来看，我国 ESG 发展呈现以下几大趋势。

3.3.1 ESG 监管政策逐步完善

目前，国内市场对 ESG 的监管主要是从公司治理、社会责任、环境保护三个方面分别发布了相关指引，尚未出台完整的 ESG 相关法律文件对 ESG 进行更高级别的约束。从国际社会来看，英国《公司社会责任报告准则》（UK Corporate Governance Code of Social Responsibility）是国际 ESG 政策法规及最佳实践的重要参照之一，它强调了遵守政策和企业实践 ESG

的重要性；而欧盟出台的关于 ESG 方面的法规准确地定义了各类组织的财务报告的内容，以及管理社会和环境责任的最佳实践。

随着 ESG 热度的不断提升，监管部门在 ESG 政策制定和推进 ESG 的要求也日趋完善，金融机构监管和企业监管都呈现向好趋势。这主要体现在两个方面，一是 ESG 相关政策的强制性逐渐加强、覆盖范围逐渐拓宽；二是监管部门对推进 ESG（例如企业开展 ESG 相关工作）中的要求逐步提高，尤其是在信息披露方面。在"2030 年实现碳达峰和 2060 年实现碳中和目标"的背景下，我国 ESG 相关政策指导呈不断增强趋势。其中，仅 2021 年 1 月至 2022 年 7 月，已有近 40 项相关国家级政策推出，撬动了百万亿级投资市场。

总体上，ESG 发展的关键仍是健全完善现有监管政策体系，不论是从覆盖范围、内容要求、执行标准，还是惩罚措施上，全球有关 ESG 的监管政策和法律法规都呈现不断加强的趋势，对 ESG 提出了更为严格的要求。随着 ESG 市场的不断扩大，国际和国内将会在此基础上进一步完善关于 ESG 方面的法律法规，明确 ESG 工作的流程以及跨国企业关于管理环境和社会问题的准则，正确引导和监管市场，为绿色经济走向规模化发展提供良好的基础。

3.3.2 ESG 披露框架持续改善

不可否认，目前国内 ESG 相关政策法规主要集中在信息披露方面。到目前为止，中国证监会、沪深交易所等对公司 ESG 信息披露的监管文件仍处于以自愿披露为主的阶段，并没有对具体内容作详细、可参考、可量化的披露标准说明或指引等。根据国内所出台政策的具体内容分析以及国外探索 ESG 的经验来看，虽然目前我国的 ESG 信息披露标准仍处于建设中，但总体已呈现出主动披露到强制披露的趋势，且政府必定会进一步提出量化指标要求、提升可比性以及出台详细的指引等，对 ESG 关键议题数据的可靠性、整体可比性等因素进行更为严格的把握。2023 年 2 月，中国证监会就全面实行股票发行注册制，涉及的《首次公开发行股票注册管理办法》等主要制度规则草案向社会公开征求意见，万众瞩目的全面注册制正加快落地脚步，这也更加说明了随着全面注册制即将来临，ESG 信息强制披露已成必然趋势。

根据 Wind 统计，我国 A 股上市公司发布 ESG 相关报告[一]数量从 2011 年的 518 份增长到 2021 年的约 1400 份，披露数量实现了近两倍的增长。其中，2021 年有超过 600 家 A 股国有上市公司披露 ESG 报告，报告披露率约为 48%，较 A 股上市公司平均披露率超出了 18%，较 2020 年国有上市公司披露率的 44% 也有较大提升，国有企业特别是中央企业在 ESG 管理和信息披露方面走在了前列[二]。据上交所、深交所官网上市公司数据统计显示，近些年进行 ESG 信息披露的上市公司占比大概维持在 25%。越来越多的上市公司开始重视 ESG 发展，中国企业（尤其是国有企业）积极推进 ESG 信息披露，并通过 ESG 报告等各种形式的报告公开企业的 ESG 表现，在披露数量上取得了不少提升，但提升后的披露数量占比仍然较低，且不同行业主体、不同规模企业之前的披露占比差异明显，上市公司进行 ESG 信息披露的积极性有待提高。例如，2021 年，上市公司进行 ESG 信息披露的企业数量占比为 27.87%；从债券发行人来看，2021 年，资产规模超过 2000 亿元的企业进行 ESG 信息披露的占比超过 50%，而资产规模在 500 亿元以下企业的信息披露占比仅为 15% 左右[三]。

目前，国家层面正在加快我国 ESG 信息披露标准的形成进程，引导市场参与者积极拓展 ESG 评价应用，完善丰富 ESG 风险监测指标体系。国务院国资委在 2016 年印发的《关于国有企业更好履行社会责任的指导意见》

[一] ESG 相关报告包括环境、社会与治理（ESG）报告、企业社会责任（CSR）报告、可持续发展（SD）报告、其他报告等。

[二] 邢洋，张敬文. 国有企业 ESG 管理体系：历程、现状和若干建议［J］. 现代国企研究，2022（09）：30-34.

[三] 刘颖，周舟. 中国企业 ESG 信息披露现状及启示［J］. 债券，2022（10）：68-71.

提到，我国国有企业履行社会责任主要聚焦在经济责任、环境责任和狭义的社会责任三大主题。2020年以来，我国国有企业特别是上市公司在履行社会责任的基础上，更加突出强调践行ESG理念和相关指标，逐步丰富完善ESG披露内容。这一系列政策和行动预示着，从长久来看我国企业ESG信息披露数量必将持续增加且增速加快，ESG披露情况也将持续改善。

3.3.3 ESG投资稳健多元发展

Wind数据显示，截至2022年11月23日，涵盖社会责任、公司治理、新能源等主题在内的ESG投资基金已接近200只，总规模超过了3000亿元。此外，近年来ESG投资的速度也在持续加快。晨星研究报告数据显示，2021年是中国资本市场见证ESG和碳中和主题投资蓬勃发展的一年，中国可持续基金的资产规模也在当年实现了56%的爆发式增长。2022年上半年新推出的可持续基金的数量稳步增长，有32只新上市的可持续基金，超过了2021年上半年的29只。

此外，ESG投资呈现多元化发展趋势，这主要体现在以下三个方面：一是参与主体多元化，ESG投资区别于传统投资的简单利益主体与投资维度，是一个涉及不同利益多元主体的系统工程，各主体共创共同推动ESG投资生态体系的发展。二是投资考量多元化，ESG投资利在长远，企业在选择新投资项目时，如重大技术开发等，需要深入考量企业在其中的ESG风险。三是评价方式多元化，评级机构将数字产业与ESG评级相结合，利用智慧手段处理动态实时数据，提高了评价的时效性和准确性。此外，随着科技的不断进步，ESG投资势必与金融科技相结合，用技术推动ESG在我国实践的步伐，发挥科技的力量。

虽然对大多数投资者（尤其是亚洲市场）来说，ESG投资还未成为影响其投资决策的主要因素，但越来越多的机构和个人投资者正将社会责任投资和ESG投资理念纳入决策体系，将ESG投资因素纳入他们的投资计划，这也促使公募基金公司推出更多的可持续基金产品。随着经济的回升，我们相信可持续基金发行的上升趋势将会延续，ESG 投资规模将会进一步扩大、增速会有明显提升，投资稳健多元化发展的趋势也将继续保持。据彭博有限合伙企业预测，到 2025 年，全球 ESG 资产管理规模有望超过 53 万亿美元，预计占总资产管理规模（140.5 万亿美元）的 1/3 以上。

3.3.4　ESG 评价标准渐进趋同

过去几年的时间里，中国公司的 ESG 评级水平不断上升。根据 MSCI 统计显示，MSCI 中国指数成分股的 ESG 评级落后者（评级为 CCC 和 B）比例从 2019 年的 59% 下降至 2021 年的 46%。当然，中国企业的 ESG 整体评级水平仍与国外先进水平有一定差距。但中国企业的 ESG 评级不断升高这一事实不论是对政府、评级机构，还是对企业与民众来说，都是一个向好的信号，这有助于企业更进一步地将 ESG 作为管理的工具和抓手，也会让更多的企业主动参与到 ESG 的队伍中来。

ESG 投资规模的扩张驱动了 ESG 评级机构的快速发展。目前国内外的 ESG 评级机构数量已超 600，不同 ESG 评级机构在机构使命、机构特性、评级目标、评级框架、评级方法、打分机制、评级结果，乃至于产品与服务方面存在差异。构建 ESG 评级的基本流程包括指标选择、权重设置、数据获取、各层级赋分、结果输出。与国外相比，国内 ESG 评价体系起步较晚，但近几年发展迅速。目前国内主流 ESG 评级体系有华证、中证、商道融绿、社会价值投资联盟、万得等。2022 年 7 月 25 日，深交所全资子公司深圳证券信息有限公司正式推出国证 ESG 评价方法，并发布基于该评价方法编制的深市核心指数⊖。总之，近几年 ESG 评级机构的快速发展和国内 ESG 评价体系渐进趋同的趋势将会进一步延续，例如评级机构的评价体系目前存在的衡量指标偏主观性、缺乏统一标准、数据透明性不高等问题也将逐步得以改

⊖　具体内容在"中国的 ESG 实践"中有详细介绍，在此不做展开。

善，进而提升其对企业的价值。

3.3.5　ESG研究体系系统搭建

随着ESG投资的兴起，ESG相关研究领域的人员对ESG投入了更多的精力，不断完善ESG体系建设，其相关研究领域也逐渐成为当下热点。知网显示，2020年，ESG主题的学术期刊和论文发布178份；2021年，ESG主题的学术期刊和论文发布407份，较2020年增长129%；2022年，ESG主题的学术期刊和论文发布771份，较2020年增长333%，较2021年增长89%。通过期刊和论文数量的增长可以看出，目前学术界在一定程度上加大了对ESG相关理论和实践的研究。

ESG理念的蓬勃发展必然离不开高校和学术界的支持。对于ESG评价指标体系这一项的建设，目前为止，中央财经大学绿色金融国际研究院已经有了较为完善的指标体系，且进入到商业运作阶段；清华五道口绿色金融发展研究中心不但发布研究报告，还在积极建设自己的ESG数据库。此外，也有一些高校，虽没有设立ESG研究中心，但在ESG的其中一个方面进行了深入的研究。例如，中国社会科学院经济学部企业社会责任研究中心每年发布《中国企业社会责任蓝皮书》，跟踪记录上一年度中国企业社会责任理论和实践的最新进展；持续发布《中国企业社会责任报告白皮书》，研究记录我国企业社会责任报告的阶段性特征。南开大学等高校也成立了公司治理研究中心，且其中国公司治理指数（CCGINK）已得到社会广泛认可。中国人民大学则是从生态可持续发展的角度进行研究，成立了中国人民大学生态金融研究中心。总体来看，我国不少高校都已逐渐开展ESG相关研究，成立ESG研究中心并发表ESG相关论文和期刊，虽然大多处于起步阶段，但从近几年发展趋势来看，未来高校会进一步加大对ESG的探索和研究。

ESG相关领域的人才需求正在大幅度增加，高校培养ESG人才刻不容缓。2022年4月，教育部印发的《加强碳达峰碳中和高等教育人才培养体系建设工作方案》具体分析了我国高校在 ESG 生态中作为人才的提供者所肩负的责任。其中，上海市将绿色金融人才纳入紧缺人才目录，香港特区政府将 ESG 专才列入香港人才清单。从 ESG 投资生态体系来看，对 ESG 专业人才的需求是广泛和多元的，每类主体都有对 ESG 专才的不同需求。资管机构等投资方需要组建 ESG 投研团队，负责制定 ESG 投资方法、流程及标准，研究 ESG 投资策略等。作为 ESG 实践主体，很多企业已把 ESG 和可持续发展上升为核心发展战略，并增设专职岗位负责碳中和与 ESG 实践。对此，高校需要加强专业建设，推行绿色低碳教育，培养急需紧缺人才，加强师资队伍建设，推进国际交流合作；市场需要增设技能认定，健全人才评价标准，提供专业培训渠道，推动专业转型升级；社会需要宣传绿色教育，提升大众专业认知，引导绿色生活方式，营造低碳社会氛围。多方携手，深化产教融合协同育人，提升人才培养和科技攻关能力，为实现碳达峰碳中和等 ESG 相关目标提供坚强的人才保障和智力支持。

3.3.6　ESG 管理系统协同推进

正如上文所提到的，中国企业 ESG 评级不断提高离不开企业对 ESG 管理实践的高度重视，但同时，中国企业在 ESG 管理系统方面也确有很多问题亟待解决。例如，企业内部对 ESG 管理的认知参差不齐，甚至有部分管理层尚未意识到 ESG 管理系统搭建的重要性；企业有一定的 ESG 管理系统搭建意识，但尚未将 ESG 融入发展战略和生产经营；企业已将 ESG 理念融入战略层面和运营管理中，但无法准确识别影响自身长期可持续发展的机遇和风险，缺乏系统性管理的能力。可以说，我国的 ESG 管理系统搭建尚处于起步阶段，企业面临着很多困难和挑战。从国家层面看，目前国家正在通过政策引导等方式加大国有企业 ESG 管理体系的搭建力度，这在提升企业核心竞争力的同时，有利于更好地引领我国经济社会发展转型；从企业层面看，ESG 管理系统的搭建已成为企业发展 ESG 的必要条件，积极主动加入这一队伍中既有利于完善推动 ESG 理念的多维发展，又为企业管理方式的改变和升级提供了新思路。

在 ESG 管理系统推动 ESG 理念的多维发展方面，作为企业内部的 ESG 管理系统，从布局搭建到具体实施的每一步都离不开提高企业的运营效率，进而帮助企业有效应对外界环境变化，降低企业面临的风险。而像是以运营效率为出发点的企业 ESG 管理实践并非过往 ESG 理念发展中重点关注的内容，这虽与过往 ESG 理念有一定出入，但在一定程度上也可推动 ESG 理念的多维发展，丰富完善企业实践层面的 ESG 理念。在 ESG 管理系统改变和提升企业的管理方式方面，专业的 ESG 管理系统不仅可以提高企业管理层 ESG 管理的认同感和工作效率，更是将 ESG 管理融入企业的内部治理结构中，进而形成多部门相融合、共同参与的局面。当然，ESG 管理系统不局限于体系的搭建，更是要落实到每一个具体的 ESG 管理环节中，以更广阔和更专业的视角关注与这一环节相关的上下游，将不符合 ESG 理念的环节或做法剔除，聚焦更有利于企业长期发展的行为和策略。总之，ESG 体系的日益完善离不开 ESG 管理系统的协同推进作用，ESG 系统的协同推进也将进一步促进 ESG 生态系统的搭建，形成良好的循环。

总之，我国 ESG 治理起步较晚，真正建立起完整的 ESG 管理系统的企业还不多，但建立并完善 ESG 治理架构、以 ESG 管理系统协同推进 ESG 发展已然成为大势所趋。中国企业可以参考国内外相关企业较为成熟的 ESG 管理系统，结合自身企业的实际情况进行综合考虑，在现有 ESG 团队基础上进行优化，搭建具有企业特色的 ESG 管理系统。

3.3.7　ESG 挑战机遇同在并存

近几年，国际形势复杂多变。在经济方面，全球贸易保护主义抬头，去全球化趋势加剧；在政治方面，全球范围内的民族纳粹主义、极端主义与恐怖主义、国家或地区间的冲突与危机等各种政治矛盾不断；在环境方面，全球气温上升等问题迟迟无法解决。总体来讲，当前国际形势充满了极大的不确定性、风险和挑战，ESG也面临着挑战。

国际间反对ESG的声音长久以来未曾间断。反对者普遍认为推行ESG将会阻碍和限制经济的发展、过分强调社会责任是一种不负责任的表现等。在全球经济形势持续下行的背景下，ESG领域负面新闻频出，2022年ESG资产变现欠佳，导致ESG基金、债券面临困境，一些大型资管公司相继退出相关联盟。

任何一个理念或制度从推行到完善都必然是一个长期的过程。ESG未来发展面临的挑战远不止于此，其未来的路也远不止于此。中国作为负责任的大国，坚定的主张可持续发展。在历史关头，中国的学者们应抓住机遇，直面挑战，探索ESG发展新路径。同时，中国企业作为践行ESG的主体，更要主要承担企业社会责任，在追求经济利益的同时，降低商业活动对社会和环境产生的负面影响，积极践行ESG助推高质量发展。

第 4 章　ESG 战略的动因——制度

企业是践行 ESG 的主体，企业的 ESG 发展水平直接影响到全社会的可持续发展。然而，企业该如何践行 ESG 却仍然处于争论之中。原有的社会责任与企业发展两层皮的陈旧弊端并未随着 ESG 理念的实践而消弭（肖红军和阳镇，2020；Beers and Capellaro，1991）。众多"刷绿"行为无不昭显企业并未完全理解 ESG 发展理念的本质（In et al.，2021；宋锋华，2022）。

企业要保持可持续发展能力，需要在考虑自身财务业绩可持续性的同时，还要保持持久的社会价值（WCED，1987）。在此过程中，学者们发现企业 ESG 不可能独立于企业经营发展之外（Brogi and Lagasio，2019）。为此，需要在企业内塑造 ESG 理念，用以指导企业的 ESG 行为。通过梳理 ESG 的发展历程可以看到，企业的 ESG 行为首当其冲来自于外部的制度压力，其次来源于企业自身文化认知制度的需要。因此，企业的 ESG 理念也同样来源于内外部的制度压力。

4.1　制度与组织

在讨论制度对企业 ESG 行为影响之前，有必要先介绍一下制度与组织之间的关系。制度是用来指导规范组织及其内部主体行为的"游戏规则"。组织会对制度有相应的反应，反过来组织也会影响制度的形成和实施。

4.1.1　制度

North 认为"制度是人类设计出来的、用以形塑人们相互交往的所有约束，并规定了人们能够从事的活动及从事这些活动的条件"。制度的分类包括正式制度与非正式制度，前者主要是指成文的法律、法规、规则以及合约，而后者则包括不成文的价值信念、伦理规范、风俗习惯和行为准则（North，1993）。Scott 将制度总结概括为"为社会生活创造稳定性和意义的规制性、规范性和文化—认知性要素和相关的活动与资源"。可以看出，Scott 把制度分成了三大要素：规制性要素、规范性要素和文化—认知性要素，即制度的三大支柱（Scott，1995）。

规制性要素强调明确的外部规制流程，例如制定规则、监督他人的合规性以及实施奖励或惩罚。North 认为制度主要依赖于更加正式化的规制性要素，制度运行本质就是要确保那些违反规则与律令的人付出高昂的代价并受到严厉的惩罚（North，1993）。规范性要素则主要针对社会生活的规定性、价值评价性和义务责任性层面，包括价值观和规范。Blake and Davis（1964）认为，规范系统界定了目标和目的，例如获得利润，也指定适当的方式去追求他们；例如公平的商业竞争的概念。文化—认知性要素建构了人们对社会实在本质的共识，以及形成了塑造意义的认知框架。制度的文化—认知性要素更多的是一种嵌入性的文化形式，信仰和假定会使人们的行为具有持续性。DiMaggio and Powell 指出，个人与组织在很大程度上受到不同信仰体系和文化框架的约束，并且必须接受它们（DiMaggio and Powell，1983）。

4.1.2　组织合法性

现代社会环境提供了许多制度化的价值观、规范和标准，新制度主义者认为组织必须遵守它们，以满足环境的要求，从而实现组织的合法性（Meyer and Rowan，1977）。根据 Suchman（1995）的说法，合法性是指"一个普遍的概念或假设，即一个社会实体的行为符合社会建构的规范、价值、信仰和定义体系，是适当、合理且正当的"。因此，合法性是指企业行为被社会环境认可与接受的程度，是企业利益相关者对其行为的一种普遍感知与认可，进而对企业整体资源的获取与企业发展产生影响，转化为企业生存、成长的可持续性。换句话说，合法性要求企业在追求其市场效率的同时获得组织制度领域内其他参与者的认可。制度理论认为，企业为了生存下来，往往选择与制度环境保持一致来获得一定的合法性（Salancik and Pfeffer，1978）。合法性受到众多因素的共同作用，许多已有研究将合法性作为一种制度嵌入带来的约束机制（魏泽龙和谷盟，2015）。

4.1.3 组织的战略反应

企业的战略反应是指企业为响应或者响应特定制度压力的要求而采取的一系列战略行动。DiMaggio and Powell（1983）的研究关注外部制度压力的影响，他们假设组织对制度压力的反应具有同质性，即主要强调制度压力所形成的战略趋同，而对于相似制度压力下企业产生的异质性战略反应没有很好的解释。

Oliver（1991）从单个组织的行为动机出发，从制度理论和资源依赖理论的双视角提出了组织为应对与制度环境一致的压力而可能制定的从被动到主动的五种类型的战略反应：默认、妥协、回避、挑战和操纵。然而，Oliver 的这项工作有两个局限性：首先，简化了组织所处制度环境的复杂性，即对制度与企业行为关系的研究基本上都是围绕着单一的制度因素而展开讨论，认为组织只存在于制度逻辑的一个领域，制度的复杂性并没有受到重视；其次，忽视了制度复杂性导致的组织内部冲突。

Pache and Santo（2010）改进了 Oliver 的研究模型，他们认识到制度的复杂性，并从组织内部政治过程的角度解释了组织战略行为的选择。组织的战略行为是外部的多元制度逻辑和组织内部不同团体的权利平衡共同的结果，并且他们认为制度复杂性在适度集中和高碎片化的领域最为严重。而

Greenwood et al.（2011）则对筛选过程和组织对复杂系统的反应进行了更全面的研究。他通过引入场域结构特征和组织特征等变量，从制度多元化的角度，讨论了制度复杂性与组织行为的异质性。因此，中国政府倡导的 ESG 发展政策，来自于金融投资机构的基于 ESG 评价结果的投资趋势，以及企业自身的价值追求，都会促使企业根据自身情况选择形成独特的 ESG 发展理念。下面，我们将从制度的三个层面分别剖析企业 ESG 理念形成的重要来源。

4.2　ESG 的规制压力与企业的反应

这部分具体讨论 ESG 规制压力的主要来源和企业对规制压力的反应行为。

4.2.1　ESG 的规制压力

ESG 的规制压力是政府向企业施加的有关 ESG 的强制性政策、法律法规、规则和程序。ESG 的规制压力表现在，随着全球 ESG 生态的参与主体越来越多元化和活跃，各种与 ESG 有关的法律、法规也在不断地丰富和完善。

各国政策频出，促进 ESG 实践走实走深。从全球范围来看，一些国家（地区）在应对气候变化和加强 ESG 信息披露方面的政策取得了实质进展。在应对气候变化方面，从 COP27⊖到各国气候法案与碳中和目标的具体实施，形成了从全球治理到国家（地区）治理，再到公司治理层面的广泛共识。各国通过制定本国可持续发展战略、出台 ESG 相关政策与推动碳市场发展等举措，层层推进碳中和目标的实现。在 ESG 产品信息披露方面，欧盟、美国等经济体分别推进具有强制性的统一披露标准和指导文件，以促进

⊖　COP27，指的是第 27 届联合国气候变化大会。2022 年 11 月 6 日在埃及召开。

ESG 信息透明度的提升，挤压市场泡沫，遏制"漂绿"行为，推动可持续发展。

近年来，ESG 在中国的政策话语体系中逐渐成为主流。在中国，ESG 的发展离不开自上而下的政策设计和推动。中央和地方政府相关部门出台了与 ESG 相关的政策，明确支持和响应 ESG 理念，加快推进 ESG 工具标准化、产品多元化、ESG 信息强制性披露以及国际合作与整合进程。党的二十大报告深刻揭示了中国式现代化的丰富内涵，"三新一高"发展要求与环境、社会和治理的本质内涵高度契合，中国 ESG 政策体系正在日渐完善。具体来说，过去几年，我国 ESG 政策亮点体现在以下方面：出台新政策促进 ESG 标准化发展；推动 ESG 产品的创新发展与试点示范；加强信息披露工作，促进 ESG 的持续发展；积极开展国际合作，推动 ESG 标准协同。未来，ESG 将深度嵌入我国可持续发展进程当中。下面展示了我国现有的 ESG 相关政策（见表 4-1）。

表 4-1　中国现有的 ESG 相关政策（部分）

时间	发布单位	政策名称	主要内容
2024 年 4 月	深圳证券交易所	《深圳证券交易所上市公司自律监管指引第 17 号——可持续发展报告（试行）》	深证 100 指数、创业板指数样本公司以及境内外同时上市的公司强制披露，鼓励其他上市公司自愿披露。在新增的第六十条条款中明确按照本指引规定披露或自愿披露《可持续发展报告》的上市公司无须再披露社会责任报告
2024 年 4 月	上海证券交易所	《上海证券交易所上市公司自律监管指引第 14 号——可持续发展报告（试行）》	上证 180 指数、科创 50 指数样本公司以及境内外同时上市的公司强制披露，鼓励其他上市公司自愿披露。在新增的第六十条条款中明确按照本指引规定披露或自愿披露《可持续发展报告》的上市公司无须再披露社会责任报告

（续）

时间	发布单位	政策名称	主要内容
2024 年 4 月	北京证券交易所	《北京证券交易所上市公司持续监管指引第 11 号——可持续发展报告（试行）》	鼓励上市公司自愿披露
2023 年 2 月	深圳证券交易所	《深圳证券交易所上市公司自律监管指引第 3 号——行业信息披露》	对上市公司提出了自律建议，鼓励自愿性披露。拓展了需要披露重要环境污染事件的行业范围，也细化了环境及安全生产事故的披露信息。突出行业特性，强化 ESG、经营性信息披露
2006 年 6 月		《上市公司社会责任指引》	将社会责任引入上市公司，鼓励上市公司积极履行社会责任，自愿披露社会责任的相关制度建设
2022 年 1 月	上海证券交易所	《上海证券交易所上市公司自律监管指引第 3 号——行业信息披露》	要求煤炭、建筑等个别特定行业披露重大环境污染信息或安全生产事件，但并未要求纺织服装、酒制造业等企业披露重大环境污染信息，也并没有细分其上市企业应当披露的重要环境污染时间信息种类
2008 年		《上市公司环境信息披露指引》	上市公司发生文件中的 6 类与环境保护相关的重大事件，且可能对其股票及衍生品种交易价格产生较大影响的，应及时披露事件情况及对公司经营以及利益相关者可能产生的影响
2018 年 9 月	中国证监会	《上市公司治理准则》	提出上市公司应当披露环境信息以及履行扶贫等社会责任相关情况
2020 年 10 月	国务院	《关于进一步提高上市公司质量的意见》	从提高上市公司治理水平、推动上市公司做优做强、健全退出机制、构建工作合力等 6 方面出台 17 项重点举措。总体目标是，使上市公司运作规范性明显提升，信息披露质量不断改善，突出问题得到有效解决，可持续发展能力和整体质量显著提高

（续）

时间	发布单位	政策名称	主要内容
2021 年 6 月	中国证监会	《公开发行证券的公司信息披露内容与格式准则第 2 号、第 3 号（2021 年修订）》	将公司治理、环境和社会责任单独列为一个章节，更加体系化地要求公司披露 ESG 信息
2022 年 4 月		《上市公司投资者关系管理工作指引》	在沟通内容中要求增加上市公司的环境、社会和治理（ESG）信息
2022 年 5 月	国资委	《提高央企控股上市公司质量工作方案》	推动更多央企控股上市公司披露 ESG 专项报告，力争到 2023 年相关专项报告披露"全覆盖"
2022 年 8 月		《中央企业节约能源与生态环境保护监督管理办法》	中央企业应积极践行绿色低碳循环发展理念，将节约能源、生态环境保护、碳达峰碳中和战略导向和目标要求纳入企业发展战略和规划，围绕主业有序发展壮大节能环保等绿色低碳产业。管理办法明确，中央企业要建立完善二氧化碳排放统计核算、信息披露体系，采取有力措施控制碳排放
2022 年 10 月		要求中央企业"一企一策"制定碳达峰行动方案	国务院国资委要求中央企业有力有序推进碳达峰碳中和重点工作，明确要"一企一策"制定碳达峰行动方案，着力推进产业结构转型升级，调整优化能源结构，强化绿色低碳科技创新和推广应用，推进减污降碳协同增效
2022 年 11 月	中国证监会	《推动提高上市公司质量三年行动方案（2022—2025）》	在"提升信息披露质量"环节明确"以投资者需求为导向，完善分行业信息披露标准，优化披露内容，增强信息披露针对性和有效性"

（续）

时间	发布单位	政策名称	主要内容
2022 年 12 月	国资委	《中央企业社会责任蓝皮书（2022）》	国资委宣布"中央企业 ESG 联盟"正式成立，并公开首批成员名单，推进我国 ESG 建设进程。"中央企业 ESG 联盟"是由国务院国资委社会责任局指导，中国企业改革与发展研究会、中国社科院国有经济研究智库、中国社会责任百人论坛牵头发起成立，多家中央企业担任理事长单位的中央企业 ESG 研究交流平台，旨在联合各方协同助力我国社会责任工作体系的建设

4.2.2　企业面对规制压力的战略反应

在外部制度逻辑中，政府逻辑的目的是满足社会的公共需求以及提供行政服务（Thornton，2004）。科层制一直是政府逻辑的主要特征（周雪光和练宏，2012）。具体来说，政府逻辑的科层制是指通过法律和等级制度对社会活动进行合理化和规范（Friedland，1991），强调政府在经济和社会中的主导作用。因此，ESG 的规制压力对企业的组织合法性提出了更高的要求，大多数企业会默认遵从来自政府的 ESG 规制压力。

事实上，中国国情下制度复杂性的一个重要来源在于：一方面，中国强势的政府具有强大的国家行政管理控制逻辑；另一方面，中国的强势市场也对应了市场逻辑。这两种逻辑在我国不断演化，将在一个很长的时期内共存和互动（邓少军等，2018）。如何平衡政府逻辑与市场的逻辑冲突，并从这种制度复杂性中获得合法性，是中国企业必须长期面对的核心问题。一般而言，政府压力和市场压力分别在不同阶段发挥着主导作用。例如，政府压力主要在工业绿色化的初级阶段发挥主要作用。随着行业和市场更多地参与到环保行动中来，市场压力逐渐成为企业环境行为的主导驱动力量（张炳等，2007）。

从上市公司面对 ESG 规制压力的现实反应来看，中国上市公司 ESG 信息披露与公司治理水平提升正在"小步快跑"。在相关部门非财务信息披露政策推动下，2022 年，A 股上市公司的 ESG 报告披露率较 2021 年提升 5.16 个百分点，是近年来增幅最大的一次，但总体 29.45% 的披露率仍有较大的上升空间。从信息披露的实质性来看，多数沪深 300 上市公司均积极响应"双碳"目标，下一步须制定战略规划并采取有效措施加快落实；在沪深 300 上市企业中，有 121 家在其非财务报告中提及 SDGs，对 17 项目标的平均覆盖率为 81.59%。上市公司的公司治理结构逐步多元化与规范化，上市公司董事多元化程度高于国际平均水平，新发布的《上市公司独立董事规则》为上市公司独立董事尽责履职提供了制度保障。在各种性质的企业中，央企国企的 ESG 信息披露率遥遥领先，达到 46.70%。在 2022 年国资委发布的文件中，已明确要求央企控股上市公司积极探索，建立健全 ESG 体系，全力争取到 2023 年全部央企控股上市公司披露 ESG 专项报告。例如，三峡国际面对国资委的强制性要求，为了提高合规性，已经开始着手进行 ESG 实践与信息披露工作，在 2022 年进行了大量的 ESG 筹备、落地和优化等工作。三峡国际通过对原有部门的整合，形成了较为完备的"ESG 双委员会 + ESG 办公室"的 ESG 管理架构。在完整的 ESG 管理体系框架之下，三峡国际在 ESG 内容的定位、议题分解落实、实施过程等方面都进行了积极探索。尽管三峡国际从开始做 ESG 到现在只有短短一年的时间，但其所做出的成果不仅在央企中是遥遥领先的，与其他性质的企业相比也毫不逊色。

4.3 ESG 的规范压力与企业的反应

这部分具体讨论 ESG 规范压力的主要来源和企业对规范压力的反应行为。

4.3.1　ESG 的规范压力

　　与传统硬监管的强制性压力不同的是，ESG 的规范压力往往强调市场的软监管，强调行业和市场的作用。其迫使企业在外部市场压力下做出不同程度的有针对性的决策，将纠偏权力交给市场，对硬监管进行"查漏补缺"（刘柏等，2023）。随着"双碳"目标的推出，各行各业都在积极追求更绿色、更有社会价值的发展模式，这也是为什么 ESG 受到了各行各业的关注，并在近几年迅速发展。

　　在市场端，ESG 投资是"投"与"被投"联动的新型商业模式，这里将会让更多参与主体在投资理念、投资模式和价值创造的协同过程中，追求和实现价值投资的长期收益。2022 年 9 月 20 日，彭博社和 MSCI 宣布推出彭博 MSCI 中国 ESG 指数系列，由此，ESG 固定收益指数系列在中国得到了推广。

　　中国 ESG 市场的"基础设施"和专业服务建设发展迅速。2021—2022 年，ESG 标准、数据、评级和指数如雨后春笋般在市场中涌现（见表 4-2），为中国 ESG 投资发展打下良好基础。国内来自政府及监管部门、商业机构和社会团体的多方力量纷纷参与到 ESG 相关标准工具的制定工作中，各类 ESG 相关标准建设速度明显加快。多地兴建数据交易平台，为 ESG 数据流通与推广运用创造了良好条件。

表 4-2　中国现有的 ESG 评价指标（部分）

发起人	详细信息
首经贸中国 ESG 研究院	首都经济贸易大学中国 ESG 研究院充分发挥高端智库的作用，致力于开展理论和案例研究以及推动 ESG 标准制定。2022 年 4 月 16 日，由首经贸牵头起草的《企业 ESG 披露指南》团体标准发布，填补了我国企业 ESG 披露标准领域的空白，是具有开创性和里程碑意义的重要标准。2022 年 11 月，首经贸中国 ESG 研究院牵头起草的《企业 ESG 评价体系》团体标准正式发布

（续）

发起人	详细信息
商道融绿	商道融绿基于对 ESG 因素的长期研究经验，于 2015 年推出了自主研发的 ESG 评级体系，并建立了中国最早的上市公司 ESG 数据库。商道融绿的 ESG 评级覆盖全部中国内地上市公司，港股通中的香港上市公司，以及主要的债券发行主体，具体 ESG 数据涵盖企业、行业和宏观层面
社会价值投资联盟	社会价值投资联盟（简称"社投盟"，CASVI）也是国内较早推动公司可持续发展价值评估和应用的先行者，其 ESG 评价覆盖沪深 300 成分股，每年 6 月和 12 月进行两次评估
嘉实基金	嘉实 ESG 评分体系是一套由嘉实基金旗下专业 ESG 研究团队自主研发的评分方法论。该评价体系采用规则的量化评分体系和机制，80% 以上的底层指标为量化或 0–1 指标，通过自主开发的 ESG–NLP 系统及时抓取和集成 ESG 高频事件
中国化工情报信息协会	2020 年 11 月 18 日，经中国化工情报信息协会批准，由中诚信绿金科技（北京）有限公司和中国化工信息中心联合牵头起草的中国化工情报信息协会团体标准《中国石油和化工行业上市公司 ESG 评价指南》正式发布实施，成为我国首个上市公司 ESG 评价标准（标准编号为 T/CCIIA 0003—2020），为我国石油和化工行业上市公司 ESG 评价提供了统一规范的参考依据
中国质量万里行促进会	2022 年 6 月 25 日，中国质量万里行促进会批准发布《企业 ESG 评价通则》《企业 ESG 信息披露通则》团体标准
中国上市公司协会	2022 年 9 月，中国上市公司协会，组织开展上市公司 ESG 优秀案例征集活动，发布并出版年度《上市公司 ESG 优秀实践案例》，合计 146 家上市公司案例入选。在优秀案例基础上，由协会 ESG 专业委员会依据四大维度 20 个一级指标组织两轮专家评审，最终选出 30 家 A 股上市公司 ESG 最佳实践案例。协会对入选上市公司颁发证书，并记入证监会证券期货市场诚信档案数据库正面清单

（续）

发起人	详细信息
中国生物多样性保护与绿色发展基金会	中国生物多样性保护与绿色发展基金会一直致力于倡导生态文明、推动绿色发展和保护生物多样性等方面的工作，作为独立第三方承担了很多 ESG 相关活动的鉴证、评估和审计。早在 2020 年 7 月就组织专家对《ESG 评价标准》团体标准进行了立项，并于 2021 年 10 月 14 日发布《ESG 评价标准》（T/CGDF 00011—2021）
	2021 年 9 月，中国生物多样性保护与绿色发展基金会标准工作委员会联合中国证券业协会、中国发展研究院、中国可持续发展研究会，以及国际中国环境基金会等机构制定了中国责任投资原则（CNPRI）
中国企业社会责任报告评级专家委员会	2023 年 3 月 13 日，由中国企业社会责任报告评级专家委员会牵头编制的《中国企业 ESG 报告评级标准（2023）》正式发布
中国国新	2023 年 4 月，中国国新 ESG 评价体系正式发布，这是首个央企发布的 ESG 评价体系，包括 ESG 评价通用体系和 31 个行业模型，在环境、社会、治理三大议题下设置了 11 项二级指标、42 项三级指标、122 项四级指标、400 余个底层数据点，覆盖 A 股 4720 家上市公司主体

4.3.2 企业面对规范压力的战略反应

中国 ESG 生态的参与主体越来越多元化和活跃。2022 年加入 PRI、TCFD 等相关国际倡议组织的机构数量持续攀升，全球已有近 5200 家机构成为 PRI 签署方，近 4000 家机构公开支持 TCFD 框架。截至 2022 年 9 月底，中国内地 PRI 签署机构共 111 家。国际头部金融机构和实体企业的 ESG 实践求新求变，从发挥业务所长转向强强联合的生态搭建，发挥了头部机构影响力的辐射效应。国内市场 ESG 主题指数发布活跃。以中证指数、深证信息发布的指数为例，截至 2022 年 9 月底，两家机构累计发布 ESG 指数 36只，其中半数为 2022 年新发产品。但是，目前多数上市公司 ESG 信息披露都是以自愿原则披露，而非强制性，且报告披露质量参差不齐。

面对这样的行业标准规范压力，企业会反映出默认、妥协、回避、挑战和操纵等多样化的战略反应。对于现在国际上相对通用的评价标准，企业更多的是服从和妥协，为了获得更好的得分，会有意识地按照评价指标重新设计企业的相关活动。但如前所述，我国国内还未形成统一的评价标准。因此，敏感的企业会积极参与行业 ESG 标准的制定，使其更有利于促进自身的发展。例如，在首个上市公司行业 ESG 评价标准《中国石油和化工行业上市公司 ESG 评价指南》（以下简称《指南》）的制定过程中，除研究机构中石油大庆化工研究中心、中国工商银行现代金融研究院之外，中国中化集团有限公司等多家行业内企业也积极参与了《指南》标准的制定工作。当然，也存在一些企业不重视 ESG，采取了回避战略，处于观望状态。

因此，虽然基于自愿遵守原则的团体标准"多点开花"在推动 ESG 生态成熟、赋能参与主体等方面具有重要意义，但要形成全体企业对 ESG 理念的共识，还需要行业协会、社会研究机构等主体发挥更大的作用，给予企业更多的规范压力。

4.4　ESG 的文化认知压力

这部分具体讨论 ESG 文化认知压力的主要来源和企业对文化认知压力的反应行为。

4.4.1　ESG 的文化认知压力

新制度理论解释了结构对行动者的影响。新制度理论认为，组织嵌入在广阔的社会环境中，社会环境将会给组织提出制度要求，带来制度压力，进而影响组织行为（Scott，1995）。新制度理论强调社会结构对组织的约束作用，突出制度塑造组织的文化 – 认知特征。在 Meyer and Rowan（1977）看来，美国社会现代化进程中不可避免地出现了被理性化的文化要素。ESG 的文化认知压力包含了企业内部的企业家精神和外部的社会认知。

对企业的文化认知压力首先来自于企业家自身ESG理念的觉醒。在企业生产经营过程中，领导者在充分感知外部环境信息、建立与利益相关者的信任关系、加强各方沟通和联系，以及协调资源配置方面发挥着重要作用，而领导力则代表了领导者感知外部环境、获取与整合各方资源以及适应与协同的能力。新时代下，企业家感知到了可持续发展的外部环境，其ESG理念正在觉醒。当今的高层管理者不仅要重视企业的经济功能，还要重视其社会功能，只有使企业成为一个兼具多价值属性的组织形态，才能实现与可持续发展社会的融合。因此，高层管理者要将可持续发展目标融入企业经营战略，在整个业务价值链中自始至终贯彻可持续发展理念与行动，与各利益相关者融合，共同创造经济价值和社会价值，共同应对可持续发展风险。

这种ESG理念的觉醒体现出了可持续发展的企业家精神，这种精神将有助于企业赢得竞争优势，实现可持续发展。作为领导者的品质素养，企业家精神是一种稀有资源，其本质是敢为人先、敢为天下先的家国情怀。新时代的企业家精神应是能够因时因地制宜的企业家精神，能够适应中国式现代化要求的企业家精神。领导者所具备的企业家精神与本企业的企业文化紧密相连，甚至可以将其视为企业文化的一部分，这种企业家精神同时促进了企业文化不断创新和发展，促使企业不断摆脱固有思维，更好地适应当前和未来的发展需求。随着领导者的权力和潜在影响力的增强，这种企业家精神将与企业管理和发展的各个方面相融合，成为推动企业可持续发展的有力保障和不竭动力（侯曼等，2022）。这是企业内生的ESG价值理念。

从外部的社会价值来看，首先，随着环保运动的日益深入，世界各国都开始关注环保问题，国际社会对可持续发展的重视程度逐步加深。在环境保护意识上，"环境就是民生，青山就是美丽，蓝天也是幸福"这一环保理念越来越深入人心，人们的生产方式日益绿色环保。在社会问题上，全球性别、收入和财富不平等也日益受到关注，性别偏见和阻碍妇女权利和机会的文化障碍也开始引发社会思考。在这样的背景下，彭博社性别平等指数（Gender Equality Index，GEI）将性别平等纳入公司绩效，该指数展示了企业对性别平等和透明度的承诺，这是公司迈向平等的重要一步。在中国，城乡融合发展、共同富裕已经融入国家发展战略。这些社会认知的变迁最终折射到社会对企业的要求当中：企业发展不可以破坏自然环境为代价；企业员工的公平、多元、非歧视；企业运营的合法合规，不可以伤害相关利益者的利益；再加上我国发展对企业的更高要求——共同富裕。这些社会共识形成了对企业的判断标准，从而推动企业自身 ESG 文化认知理念的生成。

4.4.2 企业面对 ESG 文化认知压力的战略反应

企业在面对文化认知压力时，更多的是改变自身的理念，顺应社会认知的要求。来源于企业领导者的使命愿景价值观，通过企业的管理系统，最终内化为企业的 ESG 文化。从企业内部 ESG 理念的觉醒角度来看，企业 ESG 实践已经从被动应对外部社会压力转化为企业主动获取经济价值和社会价值的新途径。来源于社会外部的 ESG 文化认知压力，让更多的企业认识到，企业积极响应新时代的可持续发展理念号召，与国家高质量发展战略同一场域，将企业使命、愿景、价值观主动与国家战略对接，为社会尽责，承担 ESG 责任，才能够不断拓宽企业发展道路。

更进一步来说，由于当前经济全球化进程的加速，日益加剧的环境、社会问题成为全人类共同的挑战，ESG 理念逐步成为一种全球价值观，企业作为全球经济浪潮中的重要主体，也应贯彻落实 ESG 理念的要求。在 ESG 理念指引下，社会责任不仅仅只是自愿行为或外部负担，企业领导者须将可持续发展理念上升到公司战略高度，并对此做出承诺，承担起可持续发展的时代责任。

事实上，我国企业也是这么做的。企业践行 ESG 的原因从一开始的完全道德伦理导向再到与经济价值挂钩，如今整个社会可持续发展的需求都已经与企业 ESG 实践联系起来。从企业内部来看，由于企业价值观是企业 ESG 认知的战略支撑，因此，随着企业家 ESG 理念的觉醒，ESG 越来越多地影响企业战略决策，逐渐融入企业的使命与价值观。例如，在公司全球化发展的当下，海尔智家早已关注到了市场、社区和投资人对公司 ESG 表现的期望，并将 ESG 提升到公司战略层面。在领导者 ESG 理念的觉醒之下，海尔智家将企业的发展与国家战略结合，正在逐步构建低碳智慧家庭版图，并始终与利益相关者携手前行，努力实现共赢共创。总之，在可持续发展社会需求的拉动与全方位 ESG 文化认知的推动之下，ESG 成为新时代企业可持续发展的战略方法论，同时也为 ESG 的企业实践提供了强大的驱动力（郝颖，2023）。

从外部社会认知的角度出发，我国上市企业在环境议题上，开始更多关注气候变化与企业自身实现碳中和等具体问题。以联想为例，一直以来，可持续发展都是联想主动的战略选择。联想早在 2006 年就开始关注自身温室气体排放，2010 年联想发布气候变化政策，制定长期减排战略及具体目标。在公司 ESG 战略指引下，联想绿色低碳目标与业务发展紧密结合，并上升至 KPI 层面，推动气候治理工作行稳致远。在深化自身减排实践的基础上，联想积极对标国际最佳实践，成为国内首个通过科学碳目标倡议（SBTi）净零目标认证的高科技制造企业。

我国上市企业在社会议题上也开始更多关注乡村振兴、粮食安全等具体问题，积极响应我国政策。

4.5 ESG 理念建设

通过以上分析可以看到，制度的三个层面，即规则、规范和文化认知都可能促使企业形成 ESG 理念。但不是说有了土壤和种子，企业必然能够形成 ESG 发展理念。企业需要有意识地进行理念建设。

4.5.1　明确 ESG 理念建设的意义

如上所述，ESG 理念是一种特定的组织共识，具有特定的功能导向。为了更好地帮助企业认识到 ESG 理念建设的重要性，在 ESG 理念建设之初，需要在企业中明确 ESG 理念建设对企业的意义。

1. 导向功能

导向功能是指 ESG 理念对组织成员的导向作用。这种导向作用主要体现在：

（1）规范组织行为的价值取向。ESG 理念体现了组织的价值观，可以引导组织行为的价值取向。ESG 的可持续发展价值观从总体上规定了企业领导应从哪些方面领导全体员工去努力、改善和加强环境、社会与治理等方面的经营管理。例如推广节能减排与低碳环保、持续帮助员工成长以及坚守商业道德等。

（2）规定组织的行为目标。组织目标是组织在一定时期内所预期要实现的经营成果。组织目标是组织行为的航标，是组织行为的动力源泉。组织行为实质上就是组织在外部环境和内部结构的交互作用下，为实现一定的目标而做出的现实反应。ESG 的导向功能正表现在它规定了企业在 ESG 方面的直接且具体的目标，例如减碳目标，由此引导组织不断采取 ESG 行动。

（3）完善组织的规章制度。ESG 理念可以以组织规章制度的形式约束企业领导和员工的日常行为。ESG 理念的最高目标或宗旨、价值观和作用等往往较为抽象。为了使它们在组织员工日常行为中落地生根，必须制定相关行为规范和制度，例如厂规、节庆和仪式等，加以系统化和程序化。

2. 凝聚功能

ESG 理念提供了一种把组织员工紧紧地联系在一起，同心协力，为了实现共同的目标和理想，为了共同的事业而奋勇拼搏、开拓进取的观念、行为和文化氛围。这种凝聚作用主要体现在：

（1）ESG 理念为组织确立了凝聚焦点。事物凝聚要有一个核心，凝聚组织的焦点直接体现为组织目标。在 ESG 目标体系中，每个目标都是凝聚组织员工的一种力量。而且，ESG 目标的制定过程也可以进一步促进全体员工形成认同，产生凝聚作用。

（2）ESG 团体意识的不断强化为组织提供了凝聚力。共同的 ESG 理念反映了组织内部主体之间的共同目的和共同利益，这就必然使组织员工的行为发生趋同，从而产生凝聚力。

（3）共同理想的不断强化为组织提供凝聚媒介。个人理想的实现必须经过自己的努力拼搏，同时也要受到集体理想实现的制约。个人理想应该融于组织理想之中。ESG 理念衍生出的共同理想可以成为组织员工的精神支柱，使他们为实现共同理想而聚合在一起。

3. 激励功能

ESG 理念的核心内容是关心人、尊重人和信任人，这种积极向上的 ESG 理念能最大限度地激发组织员工的积极性和创新精神，使其为实现组织目标而努力奋斗。ESG 理念的激励作用主要体现在：

（1）ESG 价值观与行为准则可以让组织成员形成强烈的 ESG 使命感和持久的动力。ESG 理念倡导的可持续发展、共荣共生的企业精神，帮助员工认识工作的意义和作用，可以有效地调动员工的积极性。

（2）ESG 理念与企业精神本身是组织成员自我激励的标尺。组织成员通过对照，找出自身存在的差距与不足，可以产生改进自己工作的动力。

（3）ESG 理念为组织成员提供强大的精神支柱。它可以使组织成员产生认同感、归属感和安全感，起到相互激励的作用。

4. 约束功能

ESG 理念就是组织在特定环境下形成的一种氛围，这种氛围是约定俗成的，会潜移默化地影响员工的行为。制度、纪律等也可以约束人的行为，但它们不可能面面俱到，其监督、执行等都需要成本。而 ESG 理念可以内化为组织成员的自我约束，告诉人们什么应该做，什么不应该做，不仅有效而且经济。积极向上的 ESG 价值观、行为准则如果成为组织成员思想意识的组成部分，就可以促成他们的自觉行动，实现自我控制与约束。例如，北方国际合作股份有限公司在 ESG 实践中明确要求坚守商业道德、维护经营秩序，加强内部控制、规避安全风险。这些理念是从公司治理层面对北方国际员工行为的约束，员工在潜移默化中自觉遵守了这些理念。

4.5.2　企业 ESG 理念建设过程

ESG 理念建设就是根据组织发展需要和组织理念的内在规律，在对企业现有理念进行分析评价的基础上，设计制定企业 ESG 目标，并有计划、有组织、有步骤地加以实施，进行组织中"E""S""G"要素的维护、强化变革和更新，不断增强 ESG 理念竞争力的过程。ESG 理念建设是一个实践性很强的工作，主要包括以下五个方面的内容：

（1）回顾历史，总结提炼。ESG 理念建设不能脱离组织的历史，只要这个组织存续了一段时间，就一定有发展起来的内在原因，包括组织精神、理念等，必须把它提炼出来。这就需要广泛地搜集整理有关组织的社会责任发展历史和现实的资料，进行调查研究和分析加工，尽可能掌握充分、翔实的有关组织社会责任发展的材料。组织要指派专人负责此项工作，没有文字资料的，要进行走访调查，然后把这些材料按"E""S""G"要素内容进行分类，对组织社会责任历史和现状给予科学的分析和评价，正确的予以弘扬，错误的予以纠正。特别是对组织社会责任中原有的价值观、组织哲学、组织精神、组织道德等要进行系统分析，对其形成的环境、特点、影响因素等都要给予科学的分析和评价，在此基础上凝练出属于组织自己特有的 ESG 理念。

（2）展望未来，提出 ESG 远景目标。有了历史还要有未来，未来的东西主要是弥补我们过去在 ESG 建设方面的不足。所谓远景就是公司的核心信仰，能说明公司的性质和长远的目标以及经营理念，或者说明公司的雄心、公司存在的价值、成果判断的标准等。例如，过去公司是在碳排放方面一直居于高位，那么降碳就成为未来公司的发展方向之一。海立股份在发布 2022 年 ESG 报告的同时，也在报告中提出了下一年度 ESG 推进工作展望，即以全面提升 ESG 履责能力及披露质量为目标，编写发布 ESG 相关管理办法，将 ESG 披露工作制度化，以参与 ESG 评级为契机，开展对标，发现短板，补齐弱项；启动减碳总目标和实施路径的探讨，并纳入到董事会战略委员会议题，提升 ESG 战略管理水平；并提出 ESG 愿景目标是力争把海立股份打造成为绿色低碳，资源高效利用，走高质量可持续化发展之路典范企业。其中，"减碳总目标"作为一个单独的项目列出，表明了企业下一年 ESG 目标规划的重点。

（3）宣传教育，反复更新。ESG 远景目标的实现离不开正确的 ESG 理念。而 ESG 理念要深入人心需要将反映企业 ESG 理念的先进故事整理成案例库，不断地进行宣传，并不断地进行更新。通过不断的宣传，员工在生产经营活动中就不自觉地接受了 ESG 理念。这样新的价值观和组织精神就确立了。

当然，这是一个循序渐进、不断强化的过程，并非一朝一夕就能实现的。组织价值观、组织精神对 ESG 各项要素具有主导作用，组织需要及时进行科学的概括和总结，用简明、扼要、精练、准确的语言表述出来，最终形成系统的属于组织自己的 ESG 理念表达方式。

（4）制度约束，保驾护航。ESG 理念的形成与推广还需要制度上的保障。企业需要设计完整的制度约束机制保障 ESG 理念典型案例的涌现是可持续的。制度和管理机制可以持续支持 ESG 理念被不断地提炼并传播，为全面推进 ESG 理念建设保驾护航。例如，联想集团的核心 ESG 理念是"以 ESG 为引领，将创造社会价值作为公司穿越周期的压轴支柱"。近年来，联想集团积极创造社会价值，成效显著，为进一步提升履责实效，扩大品牌影响力，从 2022 年开始，联想计划每年都开展"ESG 与社会价值优秀案例"评选活动，筛选出十大有亮点、可持续、易推广的 ESG 与社会价值优秀案例并发布，让 ESG 在员工的工作中保持持久热度，逐步加深员工对 ESG 理念的理解和认同。

（5）科学、稳妥地调整 ESG 理念，在适应中不断迭代发展。在大力推进 ESG 理念建设的过程中，要对 ESG 理念建设过程进行总结和评价。可行的办法是，通过反馈对 ESG 理念建设效果进行评估。当发现 ESG 理念建设中存在明显缺陷和不足时，要进一步研究改进方法和策略，对整个规划方案进行部分或总体上的调整和补充，对 ESG 理念进行再建设。同时，由于社会的发展、宏观环境和微观条件的变化，原来 ESG 理念建设中的一些因素已经不再适应新的形势。这时，也需要对 ESG 理念进行再建和创新。

总之，从长期来看，ESG 作为一种新的发展理念、行为准则和制度安排，是对企业经营与管理模式的根本性改变。ESG 理念的发展，以及由此而引起的组织价值的提高，会对企业长期可持续发展产生明显的推动作用，促进组织更好发展。为此，需要在企业经营运行的全过程中正确认识 ESG 理念和它带给企业的实际作用，并正视 ESG 理念形成的科学规律，综合运用硬性技术嵌入与软性认知嵌入，使企业发展与 ESG 理念相匹配，从更深层次改变企业的经营逻辑，推动 ESG 在企业中由广泛的价值观全面融入各个细微运行环节。

第 5 章　ESG 战略的核心要义——共享价值创造

如前所述，追求 ESG 发展理念正在成为企业的发展共识。但现实当中，仍有很多企业在驻足观望。其深层原因是这些企业没有认清企业 ESG 追求的社会价值与企业根本的经济价值之间的关系。

在 ESG 理念发展过程中，包括与 ESG 理念极为密切的社会责任观念的形成过程中确实出现过一些观点，他们将承担社会责任、实现社会价值与经济责任与价值对立起来，认为企业实现社会价值更多的是成本付出，对企业自身的经济价值更多的是损害，弊大于利。因此，企业才会在面对 ESG 发展理念时犹豫不决，再三考虑要不要为了社会价值放弃自身的经济价值。英国学者埃尔金顿（Elkington）在论述现已成为 ESG 理论基础的 "三重底线"（Triple Bottom Line）概念时就明确地提出了二者之间的关系（Elkington，1998）。他提出了企业要关注社会价值的观点—— "三重底线" "意味着不仅要关注企业所增加的经济价值，还要关注企业所增加或破坏的环境和社会价值。同时，他也明确指出，该概念的核心是在经济利益与社会利益之间取得平衡，进而为整个社会与企业自身创造长期价值。因此，ESG 不是要求企业为了社会价值舍弃企业自身的经济价值，而是追求企业与社会、经济价值与社会价值的共同发展。

随着社会经济、科学技术的快速发展，企业追求利润而忽视社会整体利益的行为已经与可持续发展战略的初衷发生背离，气候变化、环境污染、生物多样性减少等问题引起社会各界的重视。在我国，随着"双碳"目标的提出，企业践行 ESG 理念成为大势所趋。ESG 作为可持续发展在企业层面的缩影，不仅符合国家碳中和、碳达峰的目标，也是影响企业商业模式创新能否可持续发展的重要因素。只有主动将环境、社会、治理表现嵌入其价值创造中，强调经济效益与社会效益并重，才能实现可持续发展理念导向下的共享价值创造，与多方利益相关者共同创造价值。

具体而言，价值创造（Value Creation）是企业存在的正当性，这是毋庸置疑的共识。ESG 战略所创造的价值包含社会价值和经济价值，并且社会价值并不是对既有经济价值的转移和掠夺，而是价值总量的增加。企业在追求经济价值的同时兼顾社会价值、环境价值等非财务领域，是解决价值创造可持续性问题的重要途径。企业积极落实以 ESG 绩效为战略导向的价值创造时，需要改变传统意义上的价值创造概念以及其利润最大化、追求经济效益的商业逻辑，以创造经济价值与社会价值的共同发展为导向，将企业的逐利为赢转变为共生共赢。为此，有必要对中国企业 ESG 所要实现的社会价值和经济价值做系统梳理。

5.1 ESG 的社会价值

企业作为经济社会中的主体，不仅要实现经济财富的增长，也要对环境、社会的长远发展产生积极影响。企业社会价值是从价值实现角度评价企业在环境、社会、治理等方面提升价值的能力。企业价值理论认为，追求股东利益并不意味着损害其他利益相关者利益，健康的企业可以在实现经济利益的同时产生其他社会利益。企业社会价值能够从价值视角衡量企业履行 ESG 所创造的社会价值，同时也是企业影响力的体现，能全面反映不同企业之间的差异水平。因此，企业社会价值是与股东的长远利益辩证统一的，是企业 ESG 绩效的重要评价指标（戚悦等，2023）。

现阶段，越来越多的企业认识到高质量发展已经成为时代主题，企业在专注自身发展的同时，更要对国家、社会、人类做出更多贡献。对于企业来说，与"被动履行社会责任"相比，"主动创造社会价值"是更优选。具体来看，社会价值可以从国家、民生、环境和产业四个方面进行划分，企业可以从这四个方面出发，分析各个利益相关者的多元诉求以及企业的社会环境影响，并与企业自身的优势进行匹配，持续创造社会价值。

5.1.1　国家价值

"十四五"时期，我国开启全面建设社会主义现代化国家新征程，一系列重大国家战略开始实施。在国家培育下成长壮大的中国企业，应以成为高质量发展干将为己任，始终心怀"国之大者"，积极响应国家战略，不断创造新的社会价值。企业通过服务国家战略大局所创造的价值，可以体现在企业对科技创新、乡村振兴等国家重大方针战略的响应、贯彻、落实方面。

例如，数字化转型。在我国，制造业是立国之本、强国之基。我国制造业增加值从 2012 年的 16.98 万亿元增加到 2021 年的 31.4 万亿元，占全球比重从 22.5% 提高到近 30%，持续保持世界第一制造大国地位。按照国民经济统计分类，我国制造业有 31 个大类、179 个中类和 609 个小类，是全球产业门类最齐全、产业体系最完整的制造业。制造业是中国经济的中流砥柱。制造业的高水平发展也是中国企业最主要的社会责任。要做到制造强国，现阶段必然离不开制造业数字化转型。响应制造强国战略，制造业企业应在自身数字化、智能化转型的同时，充分运用转型经验，赋能国内产业，尤其是制造业向国际产业链的中高端发展。大企业应当承担起社会责任，带动和支持产业链上下游的中小企业加快数字化转型步伐，关注有强烈数字化转型需求的重点中小企业，打造更多的专业赋能方案，甚至可以进一步深入中小企业内部，根据特定需求提供特定服务，以高水平供给引领和创造新需求。总之，要帮扶、促进中小企业发展壮大，创造出大中小企业融合创新的局面，支持我国制造业实体经济转型升级。

再例如，"十四五"规划提出，要走中国特色社会主义乡村振兴道路，全面实施乡村振兴战略，扎实推动乡村产业、人才、文化、生态、组织振兴，强化农业科技和装备支撑。因此，在乡村振兴的大背景下，企业可以利用自身专业优势促进乡村振兴战略的落地实施。例如，大型科技企业可以依托自身信息技术能力和相关创新解决方案，逐步构建互联、智能、服务、协同的智慧农业生态系统，促进资源、技术、人才等要素向农业农村领域汇聚。新型农业信息技术可以加速农业智能化转型，显著提高农业相关企业的生产、管理和运营效率。企业还可以通过提升农民应用现代智能化技术的能力，并在农业、农村领域积累技术、资金和人才，推动农民向新型农民转变，为智慧农业实施与落地做出贡献。

5.1.2 民生价值

民生价值，是指企业在满足人民美好生活的需要中做出的贡献。满足人民日益增长的美好生活需要也是高质量发展的根本目的。"十四五"规划明确提出了"民生福祉达到新水平"的发展目标。党的二十大报告也提出"采取更多惠民生、暖民心举措，扎实推进共同富裕"。因此，企业应把握时代脉搏，笃行民之所盼，争当"共同富裕"道路上的躬耕者，实现人民对美好生活的向往。"为了不断满足人民群众对美好生活的需要，就要不断制定新的阶段性目标，一步一个脚印沿着正确的道路往前走"，这不仅是我们党治国理政的出发点和落脚点，也是企业追求社会价值的出发点和落脚点。

面对百年未有之大变局，企业更应主动融入时代发展，承担比以往更多、更重、更紧迫的社会责任，做出更大、更好、更突出的社会贡献，关注民生热点领域，实现价值共益，助力创造美好生活。企业可以通过科技创新，积极回应民生期盼，体现科技背后人性的温度。

企业在促进就业方面也发挥着重要作用，尤其是我国民营企业的快速增长，为巩固存量就业和吸纳新增就业提供了最直接、最有力的支撑。稳经济促就业彰显了新时代民营企业的社会价值。

5.1.3 环境价值

人与自然是生命共同体，没有青山绿水，就谈不上高质量发展和美好生活。可持续发展要求构建绿色低碳的经济体系，推动经济社会发展全面绿色转型。企业应充分利用自身优势，助力解决全人类面临的重大挑战，创造一个绿色、协调、低碳、共享、更可持续的世界。

一方面，从企业自身来讲，企业应找到零碳排放的方法论，从而再造产业优势，达到经济效益和社会效益的增长，促进实现高质量发展。企业应将低碳发展理念融入公司全价值链，高度重视绿色发展，持续实施清洁生产、节水治污、循环利用等行动，通过采用清洁能源、加快绿色技术的创新应用、智能改造等手段来促进现有生产领域的碳中和，打造节能环保绿色产品，追求高效、清洁、低排放、可回收的绿色生产体系，助力国家"碳达峰、碳中和"目标达成。例如，隆基绿能用光伏电力制造光伏设备，以完全消除光伏全生命周期的碳排放，通过这种模式生产出的低碳甚至零碳光伏组件完美地契合了低碳经济转型的需求，而且这种低碳生产模式也使其在气候变化挑战中具备强大的气候韧性和低碳竞争优势。目前，我国交通运输领域的温室气体排放量约占全球总排放量的15%，其中80%以上来自道路交通。因此，在碳减排计划中，推动交通运输工具的低碳转型是重要内容之一。

另一方面，在自身达成绿色转型之外，大型标杆企业还应积极赋能整个价值链和社会进行低碳转型。首先，企业应坚持绿色低碳的发展理念，以强大的技术力量作为支撑，持续推进绿色技术的创新升级，为改善生活、构建包容社会和建设可持续发展环境服务。其次，企业应通过数字化和智能化构建绿色生产和绿色供应链体系，逐步建立全面完整的绿色供应链管理框架，控制和驱动整个产业链低碳转型，并不断关注供应链的可持续发展。进一步地，企业应以"新IT"为抓手，提供绿色综合解决方案，赋能千行百业碳减排，助力国家碳达峰、碳中和目标达成，为构建人类命运共同体做出更大贡献。

5.1.4　产业价值

企业的产业价值是指企业通过服务产业发展来创造价值，这方面更适用于在整个产业价值链上处于比较核心位置的企业，这类企业的技术创新可能会推动产业链的协同，进而推动产业生态的培育等。全球新一轮科技革命和产业变革发展迅速，为先进、智能、绿色企业的发展提供了历史性机遇。产业中智能化转型、低碳转型的先锋和技术领导者，应该承担供应链责任，带动产业不断向前。这包括：

首先，加速智慧服务对外赋能，企业应利用自身积累的经验和管理能力，通过带动效应去赋能各行各业，为各行各业的智能化转型提供可参考的体系和路径，共同踏上变革转型的新征程，实现"内生外化"。同时，还可以采用大生态的方式，不断用人工智能、区块链、云计算、大数据、边缘计算、物联网等技术去帮助更多的实体企业来实现直接价值链（研、产、供、销、服）和间接价值链（运营、财务、人资等）的融合创新，引领迈向制造强国、网络强国、质量强国的高质量发展。

其次，党的二十大报告明确提出，要着力提升产业链供应链韧性和安全水平。大型企业凭借多元化生产制造网络、混合生产模式、智能生态系统支持的强大供应链体系，展现出强大韧性，应充分发挥"链主"带动作用，持续赋能产业链和供应链上中下游企业，推动产业链生态体系建设，支持产业转型升级，促进区域经济发展。例如，在供应链流程中做好 ESG 管理，制定 ESG 专用体系、进行供应商准入审查、使用 ESG 积分卡对供应商进行考核与评估，进行供应商的 ESG 培训等。

最后，新的理念和目标是产业高质量发展的前提，新的产业革命要求企业实现低碳乃至零碳的跨越式发展。重视 ESG 和可持续发展，成为越来越多企业的主动选择，也为产业中其他企业的高质量发展提供了参考，企业可以通过绿色技术创新，减少产品对环境的影响，并利用创新来提高生产运营的可持续性，通过减少整个运营和价值链中的排放量，树立低碳行业标杆，从而打造绿色供应链，并进一步引领和带动供应商碳减排，构建"净零"生态圈，最终助力经济社会碳减排。

5.2 ESG 的经济价值

目前，学术界通常把 ESG 作为整体考虑，一般而言，企业 ESG 评级越高，企业的融资成本与风险越低。Busch and Friede（2018）的研究表明大约 90% 的研究认为 ESG 与经济价值呈非负相关，且 ESG 对经济价值的积极影响能够在一定时期内保持稳定的状态。Waddock and Graves（1997）认为企业社会价值与财务价值是一种相互促进的良性循环关系。具体来说，ESG 可以支持企业实现如下经济价值：

5.2.1 促进高质量发展

目前，社会公众与投资者对环境、社会、治理等非财务信息需求日益提升，ESG 作为一种披露环境、社会、治理等非财务信息的方法，与当今可持续发展浪潮相呼应，得到学术界与实务界的广泛关注。然而，一些企业在生产经营过程中并未重视产品质量、环境责任、气候变化等可持续发展因素，甚至出现了经济效益与社会效益脱节的风险问题，给企业的可持续高质量发展带来了不利影响。因此，在创造利润、实现经济价值的同时兼顾环境责任与社会效益是实现可持续高质量发展的可行路径。

首先，企业 ESG 行为会影响其价值主张。对企业来讲，积极提升 ESG 表现会在产品、服务、技术、经营等各方面予以体现，扩大产品和服务的社会价值属性，为企业赢得良好的声誉与资源。包含环境、社会、治理理念的商业模式创新设计，是对利益相关者的承诺，也是获得社会认可与合法性的有力途径。其次，企业 ESG 表现会影响内外部的价值创造与价值传递，也是可持续发展的核心。一方面，可持续性发展需要企业提升外部合法性，获得外部利益相关者的技术、资金支持。ESG 表现融入具体产品服务设计、资源流动、逆向物流等，可以建立良好的客户关系以及合作伙伴关系，同时会向外界传递对可持续发展理念的坚持，即使企业的资金状况欠佳，其合法性认同也会帮助企业得到投资者情感上的支持，助力企业发展。另一方面，可持续商业模式创新需要内部利益相关者的支持，提升内部资源的转化效率。企业 ESG 表现中的社会维度（S）包含了对劳工标准、人力资本发展、员工福利等方面的关注与重视，能提高企业员工的信任与认可，从而进一步提升员工的奉献精神，提升企业效率。最后，企业 ESG 表现也会对其价值捕获产生积极影响，这主要针对成本结构与收入模式。ESG 表现是可持续发展理念在企业层面的缩影，通过扩大企业收入结构的范围，强调产品生产周期内整体产业链的共同革新与进步，利用产业链的绿色升级促进企业可持续商业模式创新的进一步发展。

5.2.2　促进绿色创新

党的十九届五中全会提出"推动绿色发展，促进人与自然和谐共生"的发展理念。绿色创新这一概念中涵盖了"经济发展"与"环境保护"，与以往单一地追求经济提速增效不同的是，绿色创新希望在发展经济的同时考虑资源节约、减少环境污染等因素，以实现真正的绿色发展（杨菁菁和胡锦，2022）。因此，绿色创新兼顾了社会价值和经济价值两个方面，与 ESG 理念相契合，注重环境保护、可持续发展、可再生技术方面的创新，对经济社会绿色可持续高质量发展产生重要的作用。可以看出，实现绿色技术创新是企业迈向绿色经济的重要一步，也是全社会迈向绿色发展的关键一步。

ESG 表现主要通过信息披露质量的提升、提高人力资本水平影响企业的绿色创新能力。首先是基于利益相关者理论，企业 ESG 表现的提升主要是由于从强调管理者本身的利益转变为注重公司的长期价值（Jin and Myers，2006；Hutton et al.，2009），公司管理者会更加注重与股东、投资者、消费者等利益相关者之间的关系，提升财务信息和非财务信息的披露质量，以获取利益相关者的信任。例如，Kim et al.（2012）发现企业社会责任表现的提升，会降低其从事盈余管理行为的可能性，其披露的财务信息质量也会越高。进一步地，公司会计信息质量的提升意味着企业的资金使用情况更加透明，管理者会减少对公司资源的占用，提升资金使用效率，从而资金投入到绿色技术研发活动的可能性更高，企业的绿色技术创新能力得到有效提升（Gelb and Strawser，2001）。企业的社会责任行为以及更多公司层面非财务信息的披露，也有利于缓解投资者与公司内部之间的信息不对称，投资者能够更全面、更深入地了解到公司的现阶段在各方面发展情况，有利于社会资本的投入，从而促进绿色技术创新。

其次是人力资本水平，公司技术研发人员的创新能力和稳定性对于企业的绿色创新能力有重要影响（金宇等，2021）。与一般的创新活动相比，绿色创新技术的研发难度更大、周期更长。技术研发人员的流失对于绿色创新能力造成的损失更大（Jaffe et al.，2005）。因此，降低员工的离职率对企业提升绿色创新能力有着重要的意义。企业 ESG 表现的提升能够提高技术研发人员的创新能力和工作稳定程度。一方面，企业履行环境、社会和治理责任有利于提升企业形象，建立良好声誉，从而吸引更多的优秀技术人才加入企业。另一方面，企业 ESG 表现中"S"维度的提升，代表企业更加注重员工关怀，注重员工利益的维护。例如，提升员工福利、开展各类员工专业培训活动等。这不仅有利于提高员工的学习能力和创新能力，进而有效提高企业的绿色技术创新能力，还能够提升员工对企业的忠诚度、认同感与归属感，降低员工离职率等（张倩等，2015），减少技术研发人员流失对于企业创新能力的损害。

5.2.3 提高资源利用效率

党的二十大提出给企业降本减负，提升资源配置效率，促进环境、社会和经济的协调发展，可以看出，ESG 理念与我国的新发展理念高度契合，企业 ESG 实践在中国成为大势所趋。高质量发展浪潮为企业带来新的投资发展机遇：

首先，在资源配置过程中引入 ESG 理念和评价标准，将鼓励全社会更加关注企业的 ESG 绩效，而不仅仅是财务绩效，可以为资源市场带来更稳定的回报。此外，对外部环境的密切关注也提升了企业进行投资决策的谨慎程度，降低因盲目投资和短视行为带来的投资风险，提高投资效率。

其次，企业实施 ESG 管理与信息披露，一方面可以降低信息不对称程度，获得来自外部环境的正向反馈，降低 ESG 方面的风险；另一方面，积极履行 ESG 责任能够提高企业在投资机构和其他关键利益相关者中的声誉，从而得到支持和认可，甚至得到政府的政策优惠和项目支持，降低融资难度。

最后，对于企业自身而言，ESG 实践与信息披露是企业进行内部评价和参与市场评级的基础，将倒逼企业管理者进行合理的资源配置。研究发现，管理层可能出于个人利益，将投资资金用于高风险项目，导致非正效率投资（Samet and Jarboui，2017）。而企业的 ESG 实践不仅能减少其自身的盲目投资行为，也有助于减少公司高管的利己主义，提高投资的整体效率，对企业的稳定发展和绩效提升产生深远影响。

5.2.4 降低运营风险

企业履行环境、社会与治理责任并进行信息披露，可以获得、维护与修复其合法性，筹集社会资本，并巩固其在市场上的竞争地位。积极的社会与环境信息披露还可以提高企业声誉、员工满意度和对未来员工的吸引力，使企业从竞争中脱颖而出。最后，企业可能会担心 ESG 相关负面信息的传播对企业造成负面影响，但事实上，即使涉及披露负面信息，例如社会、环境等方面，信息使用者也不一定会将其视为负面信号，甚至有可能视其为一种风险缓解工具（赵艳和孙芳，2022）。因此，总的来说，积极履行ESG责任，有利于企业降低风险，从而支持企业的长远利益诉求。

现在，企业在社会责任、环境保护以及可持续经营等方面的表现已经成为预防风险的重要因素。在ESG领域深耕16年并始终坚持透明高效治理、科学减碳、多元包容、践行商业向善的联想集团在2022年疫情影响下仍在2022—2023财年保持了稳健的盈利能力，多元化增长引擎达成新的里程碑，稳步推进了服务导向的转型，个人电脑以外业务的营业额占比提升至近40%。从企业经营管理绩效与ESG风险的影响关系案例中可以发现：企业若在实际经营过程中忽略ESG要素，其市值及声誉均受到大幅的负面影响，而ESG表现优异的企业能够获得更好的绩效水平。不少学术研究表明，ESG评级较高的公司较少发生政府监管处罚和利益相关者的诉讼争议，公司股价的回撤和尾部风险也更低。Garel等（2021）对中美两国的上市公司在疫情中的表现的研究发现，ESG表现较好的上市公司具有更好的风险管理能力，在疫情中的股价跌幅小于其他上市公司。可见，企业的ESG表现与企业面对系统性风险时的韧性正相关。

5.3 共享价值创造

企业的经济价值与社会价值是密不可分且相辅相成的。ESG理念旨在建构将社会进步与经济进步联系在一起的桥梁，努力实现共享价值创造。

5.3.1 共享价值创造的内涵

1996年，Burke and Logsdon提出了"战略性企业社会责任"的概念，认为战略性企业社会责任能够为企业的核心业务提供支持从而带来商业利益。与企业完全出于道德责任而实施的利他性责任不同，战略性企业社会责任与企业核心业务相关，兼顾企业利益和社会利益。Lantos（2001）认为战略性企业社会责任是实现社会福利和企业战略性商业目标的战略性慈善行为，认为企业的运营和外部环境实际上是相辅相成的，在企业履行社会责任时要考虑利益相关者的利益。Porter and Kramer（2006）指出战略性企业社会责任的目标在于寻找能够为企业和社会创造共享价值的机会，在解决社会问题的同时获取可持续竞争优势。在此基础上，Porter and Kramer（2011）又进一步提出了"共享价值创造"这一概念，并把它定义为"提高公司竞争力的同时改善其所在社区经济和社会条件的政策和经营实践"。Porter and Kramer 的共享价值创造观点，从更高的层面总结了商业和社会的关系。过去的企业将价值创造看得过于狭隘，过于注重财务的收益，忽略了社会的最根本需求，最终阻碍了企业的长期发展（Oliver，1991）。如果只从简单的消除负外部效应的角度考虑企业社会责任问题，将过于片面。而共享价值创造是各利益主体出于自身价值追求，积极加强合作，通过获取、连接和整合各方资源，不仅创造了价值，还实现了共赢的过程。

随着共享价值创造观念的提出，学者们进一步探讨了企业价值的内涵和创造过程。肖红军等（2014）认为，企业社会责任共享价值的创造是以企业为核心，由利益相关者构成的价值网络成为价值创造的主体，通过生产边界的扩大、协同效应和耦合效应共同发生作用并通过企业与利益相关者之间的合作而实现的。他们认为共享价值是一种高阶的企业社会责任范式（肖红军，2020）。伴随着 ESG 的兴起，价值创造的观念将发生三大变革（黄世忠，2021）：创造导向将从单元向多元转变，股东价值最大化将被共享价值最大化替代；价值创造的范围将不断发展，不再局限于内涵，更加注重统筹兼顾经济价值、社会价值和环境价值；价值创造动因将从内部向外部延伸，社会和环境因素对价值创造能力的影响日趋明显。这些研究的共识就是兼顾经济价值和社会价值，实现经济价值和社会价值的融合。

ESG 理念促进了企业共享价值创造的形成，ESG 理念与共享价值创造理念在众多方面相契合。企业通过践行 ESG 理念，从战略和业务层面找到了可以解决社会问题并能够实现共享价值创造的方案。首先，ESG 理念改变了企业为谁创造价值的认知，在传统财务管理认知的影响下，企业把为股东创造价值视为其唯一目标，而 ESG 理念强调企业要为更多的利益相关者造福。所以，在 ESG 理念的影响下，那些注重企业长期发展的管理者意识到，只有满足供应商、员工、环境等多方利益相关者的需求，企业才能持续地为股东创造更多的价值，所以企业在实现经济价值的同时要注重对利益相关者、社会的价值创造和价值分配。其次，ESG 理念延伸了企业对价值内涵的理解，以往有很多的管理者和投资者只关注企业的经济绩效，现在他们将企业的社会效益、环境效益与经济效益视为同等重要。ESG 理念让企业对于价值的关注更为均衡，提倡既要重视经济价值也要关注隐形的社会价值和环境价值，这种观念正好与创造共享价值的主张相契合。最后，ESG 理念丰富了企业对于创造价值方式的认知，节约成本可以创造价值，但是以剥削员工、污染环境、欺骗客户的途径来获取高额利润是不道德的，也是不长久的。相比之下，践行 ESG 理念是一种互利互惠的价值创造方式，企业践行 ESG 理念诸如主动解决社会问题、积极披露 ESG 报告等行动，会伴随着企业技术的升级、可持续发展制度框架的完善、美誉度提升等优势产生。这些优势不仅可以使企业创造社会价值还可以创造经济价值，最终提高企业获取资源的能力和竞争能力（谢红军和吕雪，2022）。

因此，共享价值理论认为股东与其他利益相关者之间的关系不是非此即彼、此消彼长的关系，而是相互依存、互惠共赢的关系。资源是共享价值创造的基础；企业及其利益相关者是共享价值创造的主体；多重价值是共享价值创造的结果（田雪莹等，2022）。

共享价值创造强调资源整合和互动同步，其中资源包括企业的专业技能、理论以及判断，客户自身的知识和能力，以及服务系统内部的、私人的和市场化的系统和资源。既包括有形的资源，例如人力、资本等，也包括无形资源如技能、信息、知识等。共享价值创造的参与主体包括顾客、政府、企业及商业生态系统中的利益相关者。共享价值创造依赖于不同主体之间的互动、互助和互赢，各个利益相关者相互协调并分享知识与资源互换，进而才能成为价值创造的利益共同体。

因此，在厘清 ESG 理念建设的基础上进行 ESG 实践，关键在于转变企业原有价值创造逻辑，摒弃股东至上主义的价值创造观，采纳视野更加宽广的利益相关者主义价值创造观，即进行共享价值创造。

5.3.2 共享价值创造的方式

与过去只关注股东、投资者的经济利益回报不同的是，ESG 维度的共享价值创造是包含员工、顾客、社区、政府等外部利益相关者的价值创造过程，从 ESG 维度评价一家企业的价值，也已经从单一的经济利润衡量维度，拓展到其对社会的贡献如降碳、促进就业等一系列更丰富的层面。ESG 视角下的共享价值创造，关注的视角更加广泛，将关注的视角更多地转向与外部社会环境的共享价值创造，认为企业要在经济价值创造的基础上，关注在这一过程中对社会和环境的正面负面影响。因此，构建与利益相关者的共享价值，创造商业之上的社会价值，本质是通过将 ESG 融入商业设计中，达到经济与社会价值共创的目的。只有激发包括政府机构、市场主体和社会公众等各利益相关者参与的积极性，才能形成强大的合力。

通过承担社会责任、利用绿色技术创新以及促进与利益相关者共享价值创造，企业可以结合多方力量，形成系统的、可大规模扩展和应用的、符合广大公众利益的协同解决方案。这对于一些行业和部门来说并不容易，但是与利益相关者一起去定义问题，并将这一问题整合到商业模式设计中，是共同产生新的、更有社会责任感的业务成果的不二法门。因此，ESG 理念的实践既不能仅通过加强文化理念宣传就想要实现显著改进，也不能仅仅依赖简单的规则就想要填补在这一方面的空白，例如将某些社会责任要求列入企业规章制度。企业要实现 ESG 理念下价值创造的重塑，需要从可持续价值的角度全方位重塑企业的价值创造体系。特斯拉、星巴克、京东、中国核能电力股份有限公司（简称中国核电）等优秀企业早已主动将社会性议题纳入其战略决策，并有规划地投入 ESG 实践中。例如，中国核电发挥自身专业和资源优势，带动地方就业，推进公共服务，促进企业和地方的协调并进，共荣共生。同时，中国核电积极与地方政府精准对接，从产业、人才、文化、生态和组织五个方面入手，将乡村振兴纳入企业的发展战略之中，取得了不错的成效。此外，中国核电还建立健全与政府、客户、机构等各类伙伴的合作共建关系，持续推进与合作伙伴的资源整合和优势互补，实现互利共赢、共同发展。

通过以上分析可以得出，创造共享价值的原则就在于，企业的整体战略须从解决社会问题的角度出发，为社会创造价值，在应对社会挑战和满足社会需求的过程中，同时创造成功的商业价值。商业必须重新连接商业成功和社会进步。共享价值不是慈善，不是公司的次要活动，而是基本战略和核心活动。从这个角度考虑，企业的愿景、战略和业务活动都需要嵌入社会价值的判断因素。也只有共享价值创造才能够让 ESG 产生长久持续的生命力。

基于此，ESG 共享价值创造可以采取如下三种方式实现：

（1）重新构想产品和市场。例如，人们对健康越来越重视，食品企业将不仅重视味道改良，还更加关注提升食品的营养。企业通过生产和提供满足社会需求的产品和服务，不仅提高了企业的经济价值，还可以增加更多的社会价值。又如，京东创造共享价值的思路是在提升贫困地区生产能力和生活水平的同时，向他们输出优质服务和高性价比产品，满足当地消费者对于品质消费的需求，实现社会价值创造与商业价值创造。

（2）重新定义价值链中的生产率。企业的价值链与许多环境、社会问题密切相关，例如环境影响、能源使用、水资源的使用等。虽然，某些社会问题会给企业价值链增加经济成本，但同时企业也可以利用价值链的一些环节来解决社会问题，从而提高企业的生产力，创造共享价值。又如，通过改善企业物流运输路线来减少能源使用，减少碳排放，同时也能够减少企业的运输成本。

（3）促进企业所在地集群的发展。企业集群（Business Cluster）是指集中在特定地理位置的组织的集合，包括企业、机构，以及当地的基础设施条件等。企业集群的出现能够提高企业的生产力和竞争优势。当企业在其所在地建立和发展产业集群时，会扩大企业发展和企业所在地区的发展之间的联系。因此，企业的发展也会带动当地的其他利益相关者和经济的发展，例如就业岗位增加、企业的多样性增加以及对辅助服务的需求增加。

此外，在当今的数字经济时代，企业作为重要的市场主体和创新支柱，更应该主动加入并积极赋能经济实现数字化、智能化的低碳绿色发展。同时，企业必须对政策要求、社会诉求、市场需求、企业边界风险等外部因素有清晰的认识。在此基础上，不同的市场参与者应努力成为共享价值创造过程当中的有机组成部分。数字平台能力有助于企业以较低成本搭建涵盖不同创新主体的生态系统，为参与主体间通过互动与资源整合实现共享价值创造提供条件，在用科技创新能力提升自身商业竞争力的同时创造社会价值，为社会发展和进步做出了贡献。

总之，构建与利益相关者的共享价值，不仅提升企业经济价值，也提升整个社会绿色低碳、社会公益、合规治理的社会价值。企业在战略上认同可持续发展，就必然会依据外部环境的变化适时调整主导逻辑，将非财务因素纳入企业创造价值的可选范围内，帮助企业突破资源瓶颈。共享价值创造需要突破传统意义上企业主导价值创造的观点，强调企业通过与利益相关者进行资源整合和协同互动共同创造价值，是企业获取竞争优势的一种新价值创造方式（Vargo and Lusch，2016）。

5.3.3 共享价值创造的过程

企业价值创造的过程是企业领导者改变自身认知，从而调整公司战略、业务运营、产品和流程的转型、商业模式和组织架构，并进一步利用资源和能力等创造价值的过程（Vial，2019；孙新波等，2021）。在认清企业与社会的相互依存关系及企业双重属性（经济属性和社会属性）的基础上，可以将 ESG 的价值观念理解为经济价值与社会价值的配置与创造。共享价值创造共有六个阶段，分别是：

（1）能力输入阶段：战略定位能力。包括企业高管领导力（高管推动战略规划、部署与实施的能力）与可持续发展战略规划能力（例如对实质性议题和主要利益相关者进行分析的能力）。

（2）联合阶段：协同治理能力。例如，项目合作中的顶层制度的协同设计、组织间信任协同、组织吸收内化能力以及政府和社会的环境合规意识等。

（3）动员阶段：社会动员能力。企业要号召、动员处于生态圈中的广泛的利益相关者（包括员工、顾客、供应商、投资者等）参与社会价值的创新创造。

（4）创新阶段：跨价值链融通能力。组织在实现共享价值创造的跨界合作中，发现了组织与其环境得以长期共同演化发展的新型业务模式，实现了组织生态治理方面的创新。

（5）转化阶段：资源转化能力。组织在共享价值创造项目行动中形成了有效动态的组织学习能力，将项目在社会网络与政治资源、人力与知识资本、品牌与注意力上产生的效益内化为组织本身的资源与资本。

（6）输出阶段：保持循环经济视野。在企业可持续发展报告披露与社会责任活动方面的货币价值核算中，主动采用持续的、循环的长远视角看待共享价值创造项目的多元价值输出，不能因短期的亏损而放弃未来更持续的发展。

　　企业共享价值创造的过程是企业与其外部环境实现"交互与融合"的过程，前三个阶段类似于组织变革中对"破冰"的强调，实现企业与其各类利益相关者对共享价值目标的共同"感知"，使得企业与其环境的行动步伐保持一致；后三个阶段与组织创新变革中的系统"重构"设计类似，即实现"知行合一"的组织学习与再造，完成各类资源与高管领导力的转化与收益能力的优化输出。

　　依照这一共享价值创造的具体行动路径，企业能够不断学习，提升其可持续发展能力，向利益相关者传达可持续发展战略意图；与环境中的各类利益相关者共同创造价值并实现价值共享；企业组织与其环境的价值才能交互融合、共创共赢，共同实现可持续发展的战略愿景。

5.3.4　共享价值创造的目标结果

　　ESG 代表企业在与其他社会主体互动的过程中实现多方价值利益的包容性，不仅能够实现自身高质量发展和价值增值，还能够满足利益相关者价值增值需求，最终为社会整体溢出正外部效应。

　　对企业自身：ESG 或可持续发展理论要求企业将价值创造的范围从显性的经济价值增值扩展到隐性的社会价值增值。只有这样，企业才能真正做到共享价值创造，才能保持高质量可持续发展。

　　ESG 发挥对企业价值的影响效应首先是通过风险控制路径实现的，即确保企业在合规经营的前提下生存下去。在此基础上，良好的企业声誉和社会评价能够引导资本流向企业。与此同时，企业自身也在进行 ESG 管理与负责任投资，进一步地，在全面系统建立 ESG 管理体系的基础上，推动企业高质量的发展及共享价值创造的实现。

　　此外，企业通过 ESG 实践取得可持续发展基础与核心竞争优势，从短期来看，能够满足目标客户需要，获取经济利润；而从长期来看，能实现企业自身所追求的价值主张，并进一步实现社会价值和经济价值增值等，更加有动力从根本上践行 ESG 理念。

对利益相关者：共享价值创造秉承的是"将蛋糕做大"而非"分享蛋糕"的观念。这种观念认为股东与其他利益相关者之间的关系不是非此即彼、此消彼长的关系，而是相互依存、互惠共赢的关系。创造共享价值促使企业致力于构建利益共同体，妥善处理好股东与其他利益相关者的利益关系，通过利益均沾而不是一家独享的价值分配机制，调动包括股东在内的各利益相关者的积极性，促使他们投入更多的资源和要素或购买更多的产品和服务，共同做大企业的价值蛋糕，增大各利益相关者的价值总量，从而实现合作共赢的可持续发展目标。

对社会：ESG 理念的内涵与新发展理念是内洽的，ESG 所强调的对各利益相关者负责、追求经济价值与社会价值双赢等，与协调发展、共享发展、开放发展的理念相容，体现了我国经济社会可持续发展的重要价值。通过企业 ESG 导向的共享价值创造，能够促进社会可持续发展环境向好；反过来，保持、维护好社会发展的可持续性，也有助于为企业生存创造更有利的营商环境。

第 6 章　ESG 战略的践行规划

企业形成 ESG 发展理念，并意识到可以通过社会价值与经济价值的价值共创实现企业自身利益与社会责任的双赢共生之后，还需要通过 ESG 战略规划帮助企业 ESG 发展理念落地。只有从战略的高度将 ESG 确立为企业的终极发展纲领，并具体化为企业战略管理的每一个具体环节，企业才能够真正将 ESG 内生于心，外化于行。因此，践行 ESG 必须要实施 ESG 战略。

与战略规划在企业生产运营上的作用类似，ESG 战略囊括了 ESG 在企业内生外化的全过程，企业在制定 ESG 战略时需要考虑其特定使命与愿景，需要围绕内部优势与关键资源打造核心竞争优势，也要考虑外部竞争环境动态变化的挑战。下面将分别从战略管理的四个部分具体说明 ESG 战略的主要内容。

6.1　明确 ESG 愿景与使命

企业的愿景与使命对企业发展来说至关重要，它是企业战略的重要组成部分，是企业前进的引领旗帜。对企业而言，愿景体现了企业未来想要努力的方向，使命则体现了企业存在的价值，其表达的是品牌、企业与社会的关系。愿景与使命要体现内在逻辑的一致性、关联性，才能更好地内化在每一个员工心里，落实到位，指导企业发展。

　　利益相关者理论认为，企业的目标是为其所有利益相关者创造财富和价值，企业是由利益相关者组成的系统，它与给企业活动提供法律和市场基础的社会大系统一起运作（Clarkson，1995）。ESG 强调共享价值创造，关注多方利益相关者，推崇环境、社会、经济协同发展，助力企业从专注自身利益最大化转变为寻求社会价值与企业价值、利益相关者价值等方面结合的多重价值取向。作为社会经济的重要组成部分，企业在 VUCA 时代的背景下已经将社会价值共创作为必选项。于企业而言，选择社会价值共创不仅能推动企业创新突破，也能使企业稳健致远，还可以彰显企业在行业变革中的责任担当，而且更是推动高质量发展与实现经济转型的核心动力。ESG 共享价值创造的理念越来越多地出现在企业的愿景、使命与经营管理中，在企业切实推进 ESG 管理的过程中不仅增强了企业韧性，强化了企业品牌影响力，而且实现了企业经济与社会价值的共创共享。

　　随着 ESG 理念的广泛传播，更多的企业认识到可持续发展的动力源于坚实的 ESG 理念：企业在关注外部市场需求、重构产品与市场之外，还应该将资源运用到如何降低企业经营过程中对环境与社会产生的负面影响。从共享价值创造角度出发，将业务与可持续发展目标整合后，既要与企业的愿景与使命相符，又要结合业务将社会与环境影响最大化。因此，确切地将 ESG 纳入企业愿景与使命有助于企业制定整体的 ESG 发展战略，并使企业形象更加清晰和聚焦，进而促进企业 ESG 管理的执行与落地，推动公司进一步识别自身关注的可持续发展领域与利益相关者，搭建融入企业商业战略的可持续发展战略，并制定相应的可持续发展目标，引领公司实现可持续发展。

　　目前，已经有很多企业在尝试将 ESG 融入企业发展的使命愿景中（见表 6-1）。我们可以发现，优秀的企业在使命与愿景的表述中都体现了社会价值与企业的责任担当充分体现了对行业发展方向的主动思考和引领，对民生需求的关切与满足，以及对环境的维护。

表6-1　企业的 ESG 使命愿景（举例）

企业名称	ESG愿景	ESG使命
阿里巴巴集团	让天下没有难做的生意	成为一家活 102 年的好公司，让客户相会、工作和生活在阿里巴巴
百度	用科技让复杂的世界更简单	成为最懂用户，并能帮助人们成长的全球顶级高科技公司
京东集团	技术为本，致力于更高效和可持续的世界	成为全球最值得信赖的企业
字节跳动	激发创造，丰富生活	致力于为用户提供更优质的内容及服务
联想集团	智能化变革的引领者和赋能者	智能，为每一个可能
滴滴	让出行更美好	相信理念和技术革新的意义在于造福更广泛社群，与相关方协同创造更多社会价值
复星集团	让全球家庭生活更幸福	为全球十亿家庭客户智造健康、快乐、富足的幸福生活
药明生物	通过开放式、一体化的生物制药技术平台，加速和变革全球生物药发现、开发和生产进程，赋能全球合作伙伴，造福广大病患	成为全球生物制药行业最高、最宽和最深的能力和技术平台，让天下没有难做的药，难治的病
美的	联动人与万物，启迪美的世界	科技尽善，生活尽美
宁德时代	以创新成就客户	为人类新能源事业做出卓越贡献，为员工谋求精神与物质福祉，提供奋斗平台
中国神华	能源革命排头兵，能源供应压舱石	为经济助力，为社会赋能
中国中车	连接世界，造福人类	成为以轨道交通装备为核心，全球领先、跨国经营的一流企业集团
中国国际金融	以人为本，以国为怀；植根中国，融通世界	成为享誉全球、创新驱动的国际领先投资银行
五粮液	弘扬历史传承，共酿和美生活	致力于基业长青的美好愿望，努力打造绿色、创新、领先的世界一流企业，实现高质量可持续发展
百胜中国	让生活更有滋味	全球最创新的餐饮先锋

6.2　ESG 战略分析

战略分析是战略管理规划中对影响企业当下与未来生存发展的因素分析的关键一步，根据相应的逻辑与步骤对企业生产经营过程的内外部环境进行分析与决策，进而帮助企业根据自身优势与资源能力，结合不断的探索与创新来应对激烈的外部竞争，使企业在变幻莫测的市场中立于不败之地。管理者在战略分析这个环节中，不仅要对企业所处的外部环境有清晰的认知，还要掌握企业本身的竞争能力与资源优势，这样才能通过这一环节的分析来明确企业可能遇见的威胁与机遇，为战略选择与具体实施做好先决条件。

有了明确的 ESG 使命愿景，企业还需要根据所面临的内外环境的实际情况，通过内部分析明确自身优势与劣势，以及外部分析来有效识别外部竞争环境中的关键威胁与机会，从而客观考量自身的 ESG 共享创造价值的定位与方式。这就需要企业理性地分析所面临的相关影响因素。例如，百度将 ESG 融入公司战略规划的过程中，公司明确提出 ESG 愿景——"用科技让复杂的世界更简单"。同时，他们还制定了相应的 ESG 使命——"成为最懂用户，并能帮助人们成长的全球顶级高科技公司"。从 ESG 使命愿景出发，百度进行了内外部分析。他们发现，公司的优势在于拥有庞大的用户群体和先进的互联网技术，能够在绿色计算和清洁能源方面发挥重要作用。同时，他们也意识到公司面临着来自竞争对手的激烈竞争，以及环保法规和用户需求的不断变化等外部规制与威胁。基于分析结果，百度制定了具体的 ESG 战略：采取了多种措施来降低碳排放和能源消耗。例如，推广清洁能源、优化算法以降低能耗等。同时积极推动绿色计算的发展，为用户提供更加环保的互联网服务。此外，百度还加强了与合作伙伴的合作，共同推动绿色科技的发展和应用。

通常情况下，企业 ESG 战略会受到以下几个方面因素的影响。

6.2.1　监管机构的要求

在以绿色发展促进经济高质量发展的时代号召下，上市公司 ESG 管理与披露的政策要求和机制陆续出台。2020 年 3 月 3 日，中共中央办公厅、国务院办公厅印发的《关于构建现代环境治理体系的指导意见》，以及 2021 年 12 月 11 日，生态环境部发布的《企业环境信息依法披露办法》都对上市公司依法完善和披露环境治理信息、监督检查和社会监督等进行了强制性规定，并明确了相应的处罚条例。作为金融监管机构的证监会于 2021 年 6 月 28 日发布《公开发行证券的公司信息披露内容与格式准则第 2 号》（以下简称《准则》）增加 ESG 章节，要求"重点排污单位"的公司或其重要子公司，应当根据《准则》要求披露与公司经营相关的环境信息。证监会在新阶段发展的时代背景下，关于如何推动上市公司实现更高质量发展提出了诸多要求，其中重要的一方面就是要求上市公司加强合规治理，上市公司加强对政策的把控有助于规避合规风险，保证自身稳健发展。合规保障在经济高质量发展中的重要性不言而喻。对于高质量发展重要组成部分的企业来说，如果没有合规保障，企业可能连基本的生存都会成问题。近年来，由于政策监管的从严，不少企业在违法违规的边缘跌跟头，教训不可谓不深刻。根据 2021 年证监会案件办理情况统计，2021 年共办理上市公司虚假陈述案件 163 起，其中财务造假 75 起，同比增长 8%；向公安机关移送相关涉嫌犯罪案件 32 起，同比增长 50%。虚假陈述案件数量保持高位，重大欺诈、造假行为时有发生。ESG 相关政策的密集出台，例如港交所发布 ESG 新规，上交所对科创板 ESG 信息披露做出强制性规定，ESG 信息披露的强制化和标准化正在逐步加强。在政府与相关监管机构的关注下，国内各行业知名企业，例如百度、联想、三峡等纷纷进行了相应的战略调整。这些企业在充分认识到 ESG 的重要性后，从战略高度出发，对企业原有的发展规划做出了重新思考和调整，以求更好地满足社会的环境期望和企业的可持续发展需求。例如，百度将人工智能技术应用到环保领域，利用人工智能技术帮助企业和政府提高能源利用效率，减少碳排放。同时，百度还加大了对绿色数据中心等低碳技术的研发力度，以降低自身的碳排放，同时促进供应链的绿色迭代。

在高质量发展和可持续发展的时代背景下，兼顾经济、社会与环境的ESG 管理势必会成为企业发展的必选项。应对环境变化、缓解社会问题、推动公平发展等 ESG 相关产品也为实现可持续发展提供重要支持，ESG 风险与机遇的战略地位随之也将迎来新的高度。不管是对于企业还是产业来说，传统的 ESG 信息披露都是以对既往表现的总结为主，而在向可持续发展转型的背景下，不同产业均需要以长远发展的眼光着手，关注披露 ESG 风险，这有助于为产业宏观发展战略制定提供支撑，推动产业链围绕共同的目标实现创新和发展。

6.2.2　投资者的关注

作为投资"新势力"的 ESG，自诞生起便被烙上时代的印记，剧烈波动的 VUCA 时代也催动了 ESG 投资理念的新生。目前资本市场在更严格考量企业财务相关指标之外，也将更多的注意力转移到了企业 ESG 表现层面。例如联合国负责任投资原则（United Nations Principles for Responsible Investment，UNPRI）发布的《投资者 ESG 报告要求趋势综述》从监管机构、利益相关者以及基金成员的角度出发，肯定了企业 ESG 表现对投资价值的重要影响；上交所于 2017 年成立绿色金融与可持续发展推进领导小组来助力可持续发展的相关投资工作，并发布《服务绿色发展 推进绿色金融愿景与行动计划（2018—2020 年）》。上交所还积极与相关机构协同开发探索绿色指数与衡量指标体系来丰富 ESG 投资工具。由此可见，企业 ESG 表现是企业发展的缩影，因此在当前的投资环境下，践行 ESG 不仅有正面反馈，也有一定的"避雷"效果。投资机构开展 ESG 投资的重要内驱力源自企业 ESG 的良好表现，不仅对企业绩效、长期发展和投资机构有显著的正面影响，而且可以有效降低投资机构的投资风险。可以说，推进 ESG 管理并提升 ESG 表现已成为企业谋求投资机构青睐的新策略。

ESG 作为一种全新的绿色商业模式，其虽源于海外，但与我国"寓义于利"的传统商业文化不谋而合，也与我国新发展理念相符合。在 UNPRI 的推动下，ESG 投资原则正式确立，投资理念也逐步被资本市场所接受。投资机构和投资管理者们在投资决策时也更多地关注企业的可持续发展能力。例如，高榕资本作为中国最早且颇有建树的风险投资机构之一，如今在投资决策中会特别关注企业的可持续发展能力，尤其是在环保、社会贡献等方面。据相关权威机构数据显示，截至 2020 年，在全球遵循 ESG 原则的资产管理规模占比约 30%，其规模将近 40 万亿美元，而且这个比例在不断增加，全球 ESG 资产管理规模在连续三年的复合增长超过 60%，预计到 2050 年，全球遵循 ESG 原则的资产管理规模将达到 50 万亿美元。由此，由 E（环境）、S（社会）、G（治理）三方面因素构成的指标成为衡量企业 ESG 表现的重要维度，ESG 投资也逐渐成为投资者着重关注的策略与方法之一。

ESG 作为一种投资理念在我国起步较晚，但在我国政策的加持和资本市场投资实践的推动下，ESG 投资市场呈现出前所未有的热度。2013 年我国出现第一只 ESG 主题基金。据不完全统计，2021 年，国内目前存续的以 ESG 直接命名的主题基金达 27 只，我国投资市场包括华夏、汇添富以及嘉实在内的 68 家基金公司参与发行"泛 ESG"公募基金，国内"泛 ESG"公募基金新发产品数量接近过去 5 年总和，存续数量达 200 只，其规模更是突破了 2600 亿元，总规模实现近乎倍数增长。随着双碳目标的提出，ESG 相关的基金投资迎来发展新机遇，嘉实基金表示：在我国经济高质量发展的时代背景下，双碳目标对资产管理行业的投资趋势、投资体系以及能力建设提出了更严格的要求，同时也释放出来更多的投资机会。在国家宏观产业政策、投资市场偏好对 ESG 领域的关注下，ESG 投资的资产质量和价值影响都将迎来新的高度，未来 ESG 融合型投资业将拥有长期内生驱动力和更广泛的市场。此外，ESG 投资核心在于将可能影响企业长期表现的非财务指标纳入投资考核的研究范围，以改善投资结构，降低决策风险，最终收获较高长期收益，本质上还是价值取向投资。参考全球 ESG 资产管理规模的发展趋势，相关机构预测我国 ESG 投资将于 2025 年达到不少于 20 万亿元的规模，占资产管理行业总规模的约 20%。ESG 相关指标的评估可以在一定程度上弥补传统财务报表在可持续发展能力评估的不足，使投资者从狭隘的财务指标中挣脱出来，帮助投资者关注企业发展质量、规避风险以及获得更好的综合效益，进而更全面地了解投资招标的风险和收益。因此，对于企业而言，更好的 ESG 表现有助于公司获得更多的投资机会，降低融资成本。

6.2.3 利益相关者的诉求

无论是"E（环境）""S（社会）"还是"G（治理）"因素，都是基于"企业—社会各利益相关者"的关联视角进行的界定，其本质特征是对利益相关者理论（Stakeholder Theory）更深层次的解读。Freeman（1984）将利益相关者定义为那些能够影响组织目标实现或者能够被组织目标实现所影响的人或集团，可以从多个不同维度对其进行划分，按照交易主体分为资本市场的利益相关者（股东和债权人）、产品市场的利益相关者（顾客、供应商、社区）和企业内部的利益相关者（管理者和其他员工）；按照与企业利益关系程度分为直接利益相关者（员工、政府、商业伙伴）和间接利益相关者（竞争对手、社区、非政府组织）。

依据利益相关者理论，企业的 ESG 实践就是在对所有的利益相关者负责。例如节能减排是对生态环境与社会负责，产品安全是对消费者负责，供应链劳动力标准是供应商对企业负责。而在践行利益相关者的管理过程中，企业需要有效识别与分析利益相关者，ESG 管理可以理解为对各利益相关者的综合考量，恰恰是切实可行的重要工具。"E（环境）"考量可持续发展的环境因素，"S（社会）"考量的是企业活动所涉及的一系列利益相关者（如员工、供应商、顾客等）的利益，"G（治理）"考量的是最具话语权的股东利益。

国际上广泛认可和引用的 GRI 标准在界定 ESG 报告内容依据原则中明确提出：报告方应确定其利益相关者以及对利益相关者的合理预期与利益回应。国内相关监管机构同样有类似的要求，港交所在 2019 年更新 ESG 指引的重要性原则中强调不同行业的 ESG 报告方均要在报告中描述其已识别的重要利益相关者以及利益相关者参与重要性议题识别的过程和结果，上交所于 2020 年发布的《上海证券交易所科创板上市公司自律监管规则适用指引第 2 号——自愿信息披露》也明确了科创板上市公司自愿披露的信息包括利益相关者方面的责任情况。

ESG 战略的有效执行是利益相关者高效沟通的重要体现，行之有效的沟通能够协助企业充分倾听和响应不同利益相关者的诉求，同时，来自利益相关者的反馈也驱动企业改进 ESG 绩效表现。例如联想集团在与产业链供应商的合作过程中，不断通过数字化、智能化打造绿色供应链体系，将 ESG 管理要素融入与供应商合作的事前、事中与事后管理中，逐步建立起完善的绿色管理框架，有效排除了 ESG 风险的潜在供应商，改进了供应商的 ESG 表现。作为快消行业头部企业的联合利华同样在回应利益相关者诉求方面走在了前列。联合利华于 2010 年制定了可持续发展项目，通过可持续性培训、管理计划与领导力计划来推动回应项目涉及但不限于股东、员工、政府、非营利机构的利益相关者们，以此为联合国的 17 项可持续发展目标做出贡献。

此外，消费者 ESG 偏好影响力逐渐凸显。Z 世代（1995—2009 年出生的群体）所倡导的消费模式与消费理念正逐渐走向消费市场的舞台中央。根据研究机构巴克莱（Barclays Research）统计，截至 2020 年，Z 世代以占比约 40% 的市场份额成为全球最大的消费群体，值得关注的是，Z 世代对环境、社会议题相关的产品具有更高的消费感知。Aimee Kim、Paul McInerney 等人对 Z 世代消费者的研究显示：Z 世代消费者青睐对环境和社会负责的品牌。麦肯锡的研究报告也显示：Z 世代中有占比约 60% 的群体更愿意购买具有社会责任承诺的品牌产品，这就意味着这类消费群体更关注品牌所能承担的环境与社会问题，更希望看到品牌所能创造的社会价值。

6.2.4　企业发展的驱动

除却外部环境带给企业的 ESG 制度压力，企业内部发展的驱动力量也是促进企业进行 ESG 战略实践的重要因素。企业通过共享价值创造，借助社会价值和经济价值的融合，可以获得竞争优势的创新和升级，从而具有更高的成长性、较长期的持续经营能力和更强的抗风险能力。因此，企业更有动力通过 ESG 战略获得企业的持续发展。具体来说：

首先，优化企业管理。ESG 理念的践行需要企业设计一整套框架来指引企业的实践，从而真正实现把企业对 ESG 理念的追求贯穿在企业的战略管理和文化中。通过把 ESG 理念落实到企业的战略制定和执行、管理的考核与激励、文化的内容和追求等方方面面，让 ESG 成为广大员工自觉遵循和追求的目标，从而优化企业的内部管理，提升管理效率。

其次，降低企业的融资成本。如前所述，资本更愿意投资 ESG 做得好的企业。也就是说，追求高质量发展、积极践行 ESG 的企业有更多机会拓宽自身的融资渠道，融资成本也会相应下降。

再次，提升企业形象。ESG 表现已成为企业发展好坏的重要标识。企业会更有动力通过 ESG 战略树立良好的企业形象，增强企业的信誉度和美誉度，从而提升企业的形象和品牌价值，获得消费者的青睐。

最后，吸引优秀人才。现在企业的文化氛围、职场平等、技能提升、晋升机制、工作生活平衡等非薪酬因素越来越受到年轻人重视，员工比以往任何时候都更加关注 ESG 问题，关注企业如何解决这些问题，并对接受这些价值观的公司感兴趣。在这种情况下，ESG 有利于帮助企业吸引更多的优秀人才，从而提升企业创新能力，促进竞争优势的形成。

6.3　ESG 战略制定

在 ESG 理念的引导和内外部环境的驱动之下，企业可根据自身实际情况制定 ESG 战略。当前，ESG 战略框架内涵不仅在于脱碳、慈善等零散单一的目标，而是涵盖环境、社会和治理三大维度的综合的可持续发展战略体系。ESG 战略的制定具体来说涉及如下几个方面。

6.3.1　规划战略目标体系

ESG 战略制定是 ESG 战略管理全流程的关键一环。企业通过对内外部环境中 ESG 影响因素的分析来制定企业整体的 ESG 战略，并进行持续改进。作为企业经营决策机构的董事会应积极投入 ESG 战略的制定、执行与落地过程中。2020 年 7 月 1 日开始实行的港交所新版《环境、社会及管治报告指引》（ESG 指引）在"强制披露规定"的第一条就是有关 ESG 管治，该规定的核心是上市公司董事会应在 ESG 方面发挥领导角色，这是企业关注自身 ESG 建设，践行 ESG 战略的关键环节。

为实现 ESG 战略的有效制定，董事会应首先侧重于对内外部因素进行评估，从而重新审视现有战略的目标、定位等方面的内容是否与 ESG 理念一致。ESG 战略目标的制定应结合企业业务来开展研究和设计。此外，还需要在 ESG 目标中向内外部利益相关者明确表述 ESG 诉求。并且，ESG 战略目标体系须能够梳理并确定 ESG 战略对原有战略规划的修订领域。

ESG 战略目标需要考虑企业内部各相关方（董事会、管理层、基层员工等）对 ESG 目标维度的选取要求，同时兼顾监管环境、外部利益相关者（客户、公众等）的要求。不同的企业还可以根据自身的产业链布局模式推进可持续发展策略和 ESG 目标的制定。例如科技企业的 ESG 战略目标中，往往会侧重在适合自身的发展方向中进行合理布局，而非面面俱到。这背后原因是商业模式的不同导致企业在 ESG 发展时的侧重点不同，对不同战略路径的可行性评估及资源投入方面也存在差异。例如，平台型科技企业（如京东、谷歌、腾讯）多选择平台 / 科技赋能方式制定战略目标。其中，京东集团 2017 年的可持续发展战略目标就明确要以科技赋能的形式迈入全面转型阶段。因此，战略目标中重点提到了持续推动京东云的发展。随后京东在人工智能、物联网以及云计算等技术领域的研发投入累计 800 亿元左右。根据京东官网数据显示，截至 2021 年年底，京东对接超过 1000 个农特产产业带，带动相关特产馆实现 3200 亿元的产值。而重资产型科技企业（例如三星、苹果）则更注重结合产业链升级模式制定 ESG 战略目标。其中三星集团的 ESG 战略目标为：作为产业链的核心点，以产业各环节优化来推动供应链可持续发展。因此，三星依托自身技术与运营优势，围绕"直接减排为主，间接减排为辅"的策略，推动产业链中的供应商在多个环境寻求低碳转型关键点。三星在产品设计、运输、使用以及回收利用的全链路中推行智能工厂支持项目，通过直接改造的方式提升整体产业链的能力。此外，三星还对产业链供应商的可持续发展提出要求。例如，为减少供应商生产运营过程对环境的影响，三星要求开展合作的供应商必须通过 Eco-Partner 认证，并对供应商的 ESG 发展进行评估，目前 73% 的供应商已达"优秀"标准。

相关调研[一]显示，大多数的企业以跟随合规为主，但是，受访的领先企业普遍拥有更加高阶的目标：3/4 的领先企业的目标是将 ESG 做到行业领先，另外 1/4 则要把 ESG 打造成差异化竞争优势。因此，在确定企业 ESG 战略目标体系上，领导者应当具备雄心壮志，以远大的目标来鼓舞人心，同时拆解成阶段性目标以便落地。

除了分析正在进行的业务及活动外，还可以通过外部视角对标竞争对手和跨行业企业的最佳实践，进一步优化自身的 ESG 战略目标体系。

〇　贝恩咨询公司与哈佛商业评论调研资料。

6.3.2　优选 ESG 议题

在明确企业 ESG 战略目标体系的基础上，企业需要根据自身的商业模式及供应链参与度优选 ESG 议题。ESG 包含的三项主题都很重要，但企业确定 ESG 实质性议题的第一步，应是评估 ESG 领域中，哪些议题最有可能影响公司业务绩效和利益相关者。优选 ESG 议题不仅包括业务端，还要从财务角度，以及对环境和社会的重要性、竞争对手的 ESG 策略等角度出发。ESG 议题选择既要考虑到与企业业务之间的关系，又要考虑到利益相关者的期望。换言之，企业在选择 ESG 议题时，既要关注企业自身利益的最大化，又要关注社会价值，即企业在高质量的发展中取得共享价值创造。

尽管目前 ESG 并无规范的统一标准，但国际社会对 ESG 议题的绝大多数认知达成了共识，即主要围绕联合国 17 个可持续发展目标来展开。而中国社会所关注的 ESG 议题，在借鉴国际社会经验的基础上又融入了中国特色社会主义的本土化特征。例如，"30·60"碳达峰碳中和、共同富裕、乡村振兴等政策战略。由此可见，ESG 内涵包罗万象，ESG 具体落在不同的社会背景与企业实际情况下都会有不同的执行方向。因此，不同的企业不可能共用一套统一的 ESG 议题。反之，企业需要围绕自身业务与运营的实际情况来识别出最能代表其风险和机遇的议题，从而可以针对性的治理优化生产运营的全流程，从而实现共享价值创造。例如，华为在实现"30·60"碳达峰碳中和目标的节能减排中，致力于减少自身运营及产品生命周期中的碳排放，推动绿色低碳发展。公司颁布多项节能策略，例如优化能源管理、与供应商共同制定可持续性标准以及开展废旧电子产品回收和再利用项目等。

运用议题实质性评估矩阵对 ESG 议题进行评估是领先企业的普遍做法。企业须从 ESG 议题对业务的重要性（对业务收入／利润、品牌形象价值、核心业务能力的影响）和对各利益相关者（员工、政府和监管机构、供应商、合作伙伴、用户、公众等）的重要性入手，评估各项议题的优先级。例如，万科集团根据自身行业重点，重点关注可持续城市和社区（城市规划和建设中注重绿色生态，例如绿化带和公共空间建设）、可靠和可持续的能源（建筑设计中积极采用节能技术，例如太阳能和地源热泵等）、经济适用的住房（积极参与保障房建设和城市更新，提供经济适用住房）、循环经济（建筑和运营中注重循环利用资源，例如废料分类和再利用）等议题，进而推动企业ESG战略的实现。

目前，GRI、SASB等国际组织是ESG重大议题识别和披露准则制定的主要机构，以A股上市公司为例，在识别ESG重大议题时有59.6%的公司参考了GRI标准〇。我国首家企业ESG信息披露的团体标准也于2022年6月正式实施，由中国企业改革与发展研究会、首都经济贸易大学牵头起草，并联合国家能源投资集团、蚂蚁集团、中国移动等多家机构共同研制，这为中国企业结合我国国情识别ESG重大议题提供了框架指引。

《企业ESG披露指南》由一级、二级、三级、四级指标体系构成，一级指标即环境、社会、治理三个维度，二级指标（10个）和三级指标（35个）则基于ESG理论、中国法律法规和标准梳理得出，四级指标（118个）是针对三级指标的具体测量、评估方式〇。企业在确定ESG重大议题时，可参考该指南列举的指标对重大议题进行本土化处理。例如，可加入"国家战略响应"层面的议题，具体考虑本企业对乡村振兴、共同富裕等国家战略的响应情况。

此外，还应该关注到由于企业发展、外部竞争环境的动态变化、利益相关者的可能变化以及ESG本身也在发展的实际情况，企业优先的ESG议题并非一成不变的，这是一项动态的持续性工作。

在议题实质性评估过程中，企业管理层深度参与以及利益相关者的广泛参与均十分重要。企业管理层最清楚公司未来的业务战略，因此更能准确评估各ESG议题对于企业业务的影响。ESG的变革早在信息收集阶段就已

〇 商道纵横：《A股上市公司2020年度ESG信息披露统计研究报告》。
〇 中国企业改革与发展研究会：《企业ESG披露指南》。

经开始，企业管理层更早、更深入地参与进来，也是企业推动ESG变革的最佳实践。企业也需要识别利益相关者并通过多种形式收集利益相关者的反馈。例如，相关ESG风险和机遇及其对长期价值创造的影响是投资者和其他利益相关者的首要考虑因素。他们想了解哪些问题对企业具有更大的风险或战略意义，这些问题如何融入企业的核心业务活动，以及在ESG工作背后是否有强有力的执行领导。

不同行业的企业ESG报告存在显著的差异。由于ESG涉及的内容十分广泛，与企业相关的非经济类因素似乎都可以纳入其中。企业不可能在一本报告中面面俱到，因此就导致企业在选择披露内容时会有所取舍。本节按照《国民经济行业分类》（GB/T 4754—2017）对78家报告企业进行了行业分类，这些企业在确定本企业要报告的实质性议题之后，都提供了一个实质性议题[⊖]矩阵，或者叫重要性议题矩阵，横坐标是对企业自己的重要性，纵坐标是对利益相关者的重要性。基于此，本节对ESG报告进行了行业对比，可以发现不同企业选择披露的议题具有强烈的行业特点（见表6-2）。

第一，各行业的ESG报告的实质性议题具有强烈的行业特点。电力、热力、燃气供应业、采矿业、化学原料和化学制品制造业以及水利、环境和公共设施管理业这类高污染的控排企业，非常重视环境保护议题。例如，气候变化与碳排放、可持续发展、排放物管理与节能减排、污染物及废弃物处理等。与社会响应联系密切的企业会更加注重社会类实质性议题。例如，医药生物制造业十分关注患者治疗效果、产品质量与安全、员工职业安全与健康等。信息传输、软件和信息技术服务业以及计算机通信和其他电子设备制造业这些高新技术行业关注的重点一般是信息安全与隐私保护、产品质量管理等，还会强调自身的科技创新属性。而对于金融行业来说，防范金融风险、服务实体经济、支持国家乡村振兴战略和普惠金融就是其主要的关注点。

⊖ 核心的实质性议题是指对企业自身和利益相关方都重要的议题。

表6-2 2021中国上市公司(部分)ESG报告内容比较

研究样本	所属行业	行业特点	企业性质	实质性议题				报告特点
				E(环境)	S(社会)	G(治理)	其他	
苏垦农发	农业	绿色	国有大型企业	绿色管理、服务"碳达峰、碳中和"、污染物防治等	员工发展、行业发展、助力乡村振兴等		公司治理,全产业链发展,科技创新等(该公司归纳为"经济")	乡村振兴;绿色
西部矿业驰宏锌锗	采矿业	高污染	国企	节能减碳减排、可持续发展	职工健康与安全风险管理			节能减排;职工安全
西藏珠峰	采矿业	高污染	民企		职业健康和平等雇佣			
晶科能源	电力、热力、燃气及水生产和供应业	高排放,高污染	港澳合投资	全球各个工厂和运营中心使用可再生能源的比例,将能源、气候变化与碳排放作为核心议题				环境保护
中国能源建设			央企	环境保护和持续发展	安全生产、员工安全以及工程质量保障			
中国中煤能源			央企	有毒排放物和废物管理和环境影响监测				
中核电力								
腾讯	信息传输、软件和信息技术服务业	科技,信息	互联网公司		未成年保护	数据隐私和网络安全		
国网信通			国企			信息安全和合规运营	创新与研发、推动电力数字转型、电力电网智能化建设	信息安全
金山办公			民企				产品服务与质量	
京东方			民企			信息安全与隐私保护、依法治企	质量管理和产品创新	
广联达								

公司	行业	性质	环境(绿色金融)	社会(服务实体经济)	治理	其他	重点
工商银行	货币金融服务业（服务）	国有	绿色金融	服务实体经济和普惠金融			合规，防范金融风险；服务实体经济，普惠金融
交通银行					防范金融风险		
民生银行			助力"双碳"目标	支持民生、普惠金融	合规经营		
邮储银行				服务乡村振兴、践行普惠金融			
紫金农商银行				服务实体经济	风险管理、合规运营		
江苏银行		民企	绿色金融	消费者权益保护、普惠金融			
中国人寿	资本市场服务业（金融桥梁）	国企		优化客户服务以及支持国家乡村振兴战略	金融风险防控		风险防控
中信建投证券				服务国家战略发展、优化客户服务	商业道德与防范金融犯罪		
华安证券				服务实体经济	公司治理、合规运营、推进廉政建设		
第一证券		民企			公司治理	经济绩效、ESG投资策略	
高能环境	水利、环境和公共设施管理业（环境、服务）	民企		安全运营	信息安全保护	从主营业务出发，关注时代热点议题	环境保护、污染处理
瀚蓝环境		国企					
洪城环境			污染物及废弃物处理，能源及资源管理				
首创环保			污染物管理	安全生产			

（续）

研究样本	所属行业	行业特点	企业性质	实质性议题 E（环境）	实质性议题 S（社会）	实质性议题 G（治理）	实质性议题 其他	报告特点
海立股份	电气机械和器材制造业	产品制造	国企		员工权益保护、员工薪酬福利和发展、职业健康与安全			科技、服务
海尔智家			民企		产品质量与安全、员工权益	企业管治	科技创新	
正泰电器			民企	能源结构转型		风险管理	持续推动技术创新	
浙江仙通			民企	绿色产品、电子垃圾、产品质量与安全				
美的集团			民企		夯实安全基石			
金盘科技			中外合资企业		供应链社会责任管理		数字化建设、创新与研发	
珀莱雅	化学原料和化学制品制造业	高污染	民企	化学品安全与成分透明	产品与服务品质		科技创新	环境保护
北元化工			民企	排放物管理与节能减排、废物管理与循环利用、资源可持续利用、绿色生产和环保投入				
中石油			国企	能源转型、气候变化和碳排放管理		合规运营	经营业绩	
中芯国际	计算机、通信和其他电子设备制造业		外企	能源管理、气候变化与温室气体管理				信息安全、科技创新
浙江中控			民企		信息安全与隐私保护	公司治理与管控	竞争优势与成长	
小米集团			民企		信息安全和隐私、产品与服务质量、负责任采购		技术与创新	

公司	行业	性质	环境议题	社会议题	治理议题
水井坊	酒饮料和酒精制造业	民企	水资源管理	食品安全；产品质量与安全、健康生活与理性饮酒倡导	合规经营
安井食品				食品安全；产品质量与安全	保护投资者权益
青岛啤酒	制茶制造业	国企		食品安全	合规运营、风险控制与管理
贵州茅台		国企	节能降耗	可持续发展管理、产品质量与安全	
百济神州	医药生物制造业	民企		患者治疗效果，产品质量安全以及商业道德	公司治理
葫芦娃药业				产品质量与售后，员工权益与福利	
江中药业		民企		禁止使用童工及强制劳工，员工职业安全与健康以及产品质量与安全	
康希诺生物				产品安全质量	产品创新与研发

第二，处于供应链下游的企业更重视消费者关系和产品质量安全，而供应链上游的企业则更关注生产安全。例如，化学原料和化学制品制造业中，更贴近广大消费者的化妆品制造企业珀莱雅将产品与服务品质、科技创新以及化学品安全与成分透明作为高度重要性议题。而从事上游化工产品生产的北元化工则将排放物管理与节能减排、废物管理与循环利用、资源可持续利用、绿色生产和环保投入作为核心议题。具备价值链全要素的行业企业，例如，酒饮料和酒精制茶制造业的贵州茅台、青岛啤酒等，他们有着原材料供应、成品开发、生产运行、成品储运、市场营销和售后服务一系列经营环节，因此这类企业既关注产品质量与安全、健康生活与理性饮酒倡导，也关注节能降耗、合规经营。

第三，国企与非国企的差异。除了行业差异和供应链差异，是否为国企也会影响一个企业对于重点实质性议题的选择。一般来说，国企会更加注重合规运营和员工管理和职业健康。非国企的关注点则与行业特征有密切联系。例如，外国法人独资中芯国际集成电路将公司竞争优势与成长、能源管理、气候变化与温室气体管理列为核心实质性议题；浙江中控技术将公司治理与管控、技术与创新、信息安全与隐私保护列为核心实质性议题等。

6.3.3　细化目标举措

由于 ESG 议题因企业而异且内涵颇广，需要进一步定义细化 ESG 战略实践项目以启动实施。因此，在设定 ESG 战略目标时，通常会设定一个有抱负的长期目标，同时包含更容易消化且在短时间内可完成的若干"子目标"，这些目标要经过充分的内部沟通以达成共识，并梳理细化相应举措。

企业的 ESG 细化目标应以自身可持续发展战略为出发点，确立契合自身现实条件的关键举措与项目。例如，平台型科技企业与重资产型科技企业因商业模式的差异，主要的可持续发展举措与重点项目有所差异，平台型更注重通过科技赋能和发挥平台特质实现环境及社会目标，重资产型则更注重通过自身及供应链 ESG 举措实现环境减碳与产业链升级等社会效益。因此，当确定优先考虑的 ESG 议题后，公司应按照议题分别制定目标。可以参考四种目标水平，即积极、主动、行业领先和差异化竞争优势（见表 6-3）。对于有利于形成企业差异化竞争优势的议题，可以制定较高的目标，对于被动需求类的议题，要求可以适当放松。在设定具体的量化目标时，企业可以通过对标，确立合理的量化目标。

表 6-3　企业 ESG 四种目标水平

积极	主动	行业领先	差异化竞争优势
满足监管要求、基本标准和预期	超出监管义务、基本标准和评级要求，与核心业务部分关联	超出平均水平的可持续发展影响，与核心业务显著关联	独特的竞争优势，主要源于可持续发展影响—提升行业水准
企业仅按照最低合规标准行事，以避免受到处罚或进行大规模的举措	企业会采取主动以回应对可持续发展议题的关切	企业在对可持续发展议题的汇报和行动方面所施加的努力超过其他同侪	企业在可持续发展方面的卓越表现为企业创造了极高竞争力的优势

注：在设定具体的量化目标时，企业可以通过对标，确立合理的量化目标。

由于 ESG 议题涉及广泛，不同行业及行业的发展阶段在对重大议题的要求上也是有所差异，因此，企业要做出和所处行业和发展阶段相匹配的目标。可以短中长期举措并立，以阶段性的实质进展来获取利益相关的认可。例如，新能源汽车企业比亚迪短期内目标是提高新能源汽车的销售占比；中期目标是推动绿色供应链管理，与供应商共同制定环境和社会责任标准，并鼓励供应商采取可持续的生产和运营方式；比亚迪长期目标为计划采用可再生能源、提高能源利用效率、开展碳捕捉和储存等技术研发和应用，以阶段性的实质进展来获取利益相关者的认可，进而推动可持续的发展。

此外，在定义好目标之后，需要定义具体的 ESG 项目或举措，以确保

ESG 目标实现。企业可以从现有的 ESG 举措或项目出发，筛选那些既具有可行性同时能产生良好效果的项目或举措。如果有必要也可以增加新的项目，并且所有的项目都要定义明确的负责人、OKR 和行动计划。

6.3.4　重构业务模式

基于战略管理相关理论，企业的业务模式要与企业的发展愿景使命保持一致。因此，企业的业务模式将因 ESG 而做出调整，甚至是颠覆性重构。ESG 转型意味着要将 ESG 理念融入企业生产经营过程，不同行业、不同业务与技术优势，甚至不同企业在转型过程中采取的模式各异，但仍有一些共性内容值得关注与参考学习。

首先是关键科学技术。作为生产模式的支撑性能力，科技是推动 ESG 转型的必要手段。科技能力在推动绿色环境保护方面的作用尤为明显，例如，数字化技术可以帮助企业优化运营管理流程，达到低碳生产的目的；可再生的材料技术推动节能环保产品的生产，进而促进绿色减排。华为研发出了数据中心"全液冷方案"，将设备散热功耗下降了 96%；再如，联想在印刷和组装电路板时，凭借低温锡膏技术，相较传统方法减少了 35% 的能耗和碳排放量。此外，"科技向善"的理念也正融入科技与互联网企业中并推动其实现社会价值。

其次是业务融合。ESG 并非独立于企业业务之外的新支线，相反，ESG 寻求的是深度融入业务与产品。联想集团推出的碳补偿服务正是将其 ESG 实践融入自身业务中，其企业客户通过购买联想产品，并根据产品序列号取得官方授权的碳补偿证书以帮助自身实现某种意义上的碳中和。由此可见，在 VUCA 时代背景下，企业根据自身业务优势有选择性地应对环境与社会问题是企业探索 ESG 与业务融合的新思路。此外，将消费者端融入业务也是值得尝试的一个方向。例如，阿里巴巴联合外部利益相关者共同构建绿色商标标准的尝试，其目的正是在于通过某种机制，构建"参与者经济"，进而调动消费者主动选择绿色产品，从而推动绿色社会的建设。

更值得关注的是业务模式的长期主义，这是贯彻 ESG 理念的根基，即帮助企业实现可持续发展。正如在 ESG 领域硕果累累的联想集团所诠释的那样：在新一轮周期到来之际，联想集团以"三个支柱，两个基石"打造联想集团增长新引擎，其中社会价值更是作为压轴支柱，推动技术创新与业务模式升级。在 ESG 浪潮来袭的今天，几乎所有企业都能看到：短期内，ESG 战略对企业提出了更高的要求，经营成本不可避免地会上升。但同时，几乎所有企业也都能感受到：从中长期来看，ESG 是企业可持续发展中不可或缺的板块，即使眼下 ESG 与业务融合会出现一些问题，也会坚定推进ESG 战略。这也就说明了企业在推进 ESG 战略的过程中需要坚守长期主义，把握好短期效益与长期发展之间的关系。

6.4　ESG 战略的绩效

ESG 战略规划还有一个重要的组成部分——确定明确的绩效考核标准。越具体的 ESG 绩效考核，越能够有效指导企业的 ESG 战略实施过程。基于共享价值创造的理念，企业的 ESG 战略绩效考核标准应该充分体现企业所要承担的社会价值，要追求的经济价值，以及两者的融合共创。具体应该包括以下几个方面。

6.4.1　社会价值创造

ESG 作为兼顾经济、社会以及环境三方面可持续发展的理念，推动了价值创造观念的不断变革：价值创造对社会和环境因素的关注日趋显著；价值创造导向多元化的共享价值，最大化地取代了单一化的股东价值最大化；价值创造的动因与范畴也更加趋于经济、社会以及环境价值的多方兼顾。统而论之，ESG 使企业从狭隘的股东至上价值创造观念中跳跃到兼顾多方利益的价值创造观，迈向社会价值创造的新发展理念，使利益相关者共享企业成果。这里需要说明的是，社会价值创造并非传统意义上的"分蛋糕"，而是秉承"做蛋糕"的观点，即ESG理念中股东利益与其他利益相关者并不是此消彼长的关系，而是互惠互利、依存共赢的发展关系。其底层逻辑是ESG理念推动企业构建股东与其他利益相关者的利益共同体，牵动各利益相关者在生产经营过程中投入更多的资源要素或消费更多的产品与服务，共同做大企业的"价值蛋糕'，进而增大各利益相关者的价值总量，其利益分配机制也由"价值共享"取代了"一家独享"，从而实现合作共赢的可持续发展。

当企业的价值创造包括经济价值与社会价值，且社会价值创造是企业经济价值创造的前提而不单单是后续补充时，就意味着企业实现了共享价值创造。企业通过实行ESG战略在微观层面通过环境保护、社会责任和公司治理方面的表现衡量企业的可持续发展能力，在宏观层面包括环境保护、资源合理配置、社会公平以及社会发展等方面，其中"社会公平与发展"就是人、环境和经济三者可持续发展的关键衡量因素，因而企业践行ESG战略有利于促进发展企业的质效表现。在更广义的层面上看，ESG战略是企业代际间、群体间实现可持续发展的有效途径，是实现经济与社会可持续发展的重要选择。

6.4.2　企业合规止损

在全球化的大背景下，可持续发展经济同样顺势而起，ESG合规不仅是中国企业参与未来竞争的门票，更是中国企业面向全球市场，应对全球化新阶段、新挑战的必修实践课，还是中国企业在国际市场展现专业形象、树立国际声誉、消除国际伙伴的戒备疑虑、获得理解和认同的强有力工具。践行ESG可以帮助企业减低在环境、社会、治理层面的风险，避免经营或者市值受到这些风险的影响。在环境层面，企业要严格遵守相关的环境保护、碳排放法律法规。欧盟在2023年开始试点碳边境调节税（Carbon Border

Adjustment Mechanism，CBAM），对高碳产品进出口开征碳税。尽管试点阶段将只限于五个行业并只针对企业直接碳排放，但是未来有扩大征收范围的趋势。该机制及未来其他国家可能出台的类似机制，将对中国出口企业产生直接影响。企业需要未雨绸缪，提早对自身碳足迹进行核算和管理。在社会层面，企业需要关注员工权益、数字安全、用户隐私、人权保护等方面的合规。在公司治理层面，守法经营是企业安身立命的根本，也是必须遵守的底线，还要高度重视董事会治理、反舞弊、反垄断、反洗钱工作，持续加强合规治理。

此外，在投资方面，无论本土还是跨境投资，ESG合规所保障的企业可持续发展将实质影响企业价值管理的过程和结果。全球商业领域正悄然兴起ESG取向浓厚的影响力投资，追求企业自身与所有利益相关者共赢共生的和谐格局。相应地，在投资决策及企业估值实践中，如何架构与ESG之间的桥梁，将ESG要素定性定量地融入相关的评估是一项富有潜力的探索。中国企业的海外投资正并驾齐驱地面向发达国家市场和发展中国家市场，不同市场的ESG合规管理重点存在明显的差异性，实践中需要因地制宜，针对不同情境寻求个性化解决方案。妥善地与投资流程中的尽职调查以及价值评估等专业实践环节互通互鉴，也有利于提升ESG合规项目的管理质量和执行效率。

6.4.3　间接促进业务增长

ESG深度融入业务及产品已成为一种趋势，ESG理念之下的业务发展对于低碳经济转型和绿色生态的复苏会起到很大的推动作用。一方面可以带动相关投资或消费行为、引导资本趋势投资环境友好型的标的或项目。例如，麦肯锡的相关调查发现消费者愿意为"绿色环保"付费，尽管在实践过程中可能会存在差异，但仍有较大比例的消费者表示：如果替代的绿色产品与非绿色产品具有相同或类似的功能，他们将为绿色产品额外支付5%。另一方面也可以通过促进技术升级、节能降耗等方案来解决社会发展的一些高能耗、高污染、高排放等问题。

此外，ESG还可以帮助企业提升品牌形象，良好的ESG表现有助于提升企业外部价值主张，而较强的外部价值主张可以减轻市场和监管的压力，进而使企业获得更大的战略自由。在跨部门和跨地区的情况下，良好的ESG表现也有助于降低企业对政府、市场、客户等利益相关者不利行为的风险，从而获得各方的正向反馈。例如，腾讯通过将ESG因素融入管理预期中，帮助企业预判并把握潜在的业务机遇，有效提升了股份持有者对企业的认同度、企业在客户市场与资本市场的信誉度。因此，若企业将ESG战略与业务有机结合，能间接为业务提供增长动力。

6.4.4　直接促进业务增长

ESG也可以带来新的业务增长机会。企业将ESG与业务相结合，进行可持续产品的创新，能够获得新的发展机遇。企业在ESG战略实践的过程中要明确业务中所存在大量具有行业特色且实质性较高的ESG议题，并进行针对性的梳理深耕。企业业务发展通过ESG战略在运营与流程设计过程中的落地，不仅能够促进业务发展，而且能够从降低环境负面影响、扩大社会正面影响等层面挖掘潜在的价值点。麦肯锡研究发现，44%的企业认为商业和机会增长是启动可持续发展计划的动力。例如，联想针对企业和用户低碳减碳的需求推出碳补偿服务，同时也首次推出全球第一款经过碳中和认证的个人笔记本电脑。联想在碳补偿服务方面已经深耕数年，其在全球大部分地区的客户可以通过购买联想产品实现自身碳中和。于联想而言，碳补偿服务的核心在于联想产品在生产、运输甚至使用过程中碳足迹的精准测算；于联想客户而言，碳补偿服务的核心在于使用联想产品实现了自身的碳中和；于社会而言，碳补偿服务的核心在于这些碳足迹转化为由权威组织认可的碳中和许可证，推动了碳中和目标的完成，也为其他企业树立了标杆。

从ESG角度出发，企业也可以在社会治理、公共服务方面暴露的问题中挖掘出业务融合或参与改善等值得思考的机会。由此可以发现，企业可以围绕公共服务、社会管理以及环境保护等社会问题，结合企业自身业务挖掘新的业务增长机会，实现可持续战略与业务的结合。例如联想助力建设珠海市香洲区居家智慧养老服务中心，搭建智慧养老服务云平台和 4 个养老综合服务中心、88 个社区站点，运用网络化手段形成"区、镇街、社区三位一体"联动平台，实现信息互通、实时监管。

6.4.5 实现可持续发展

随着 ESG 理念在社会层面的深度融入，企业也通过 ESG 管理在环境、社会、自身业务等方面全方位地规避风险，更是围绕 ESG 推动战略转型来构建更加绿色、更具韧性的差异化竞争优势。在提振业务发展的同时，领先企业意识到要成为"百年老店"需要实现商业价值与社会价值的统一，从而树立良好的企业形象，获得员工、客户、供应链上下游企业、股东等各利益相关者甚至整个社会的广泛认可，将 ESG 融入经营中的理念为企业穿越长周期提供保障。ESG 从社会认同的角度衡量企业发展绩效，为企业长期战略提出了清晰指向，促进企业思考应该做什么样的商业，如何与社会长期互助。ESG 是一种长期主义，企业和社会和谐相处，从而保障企业可持续发展。

第 7 章　企业 ESG 战略实施过程

通过开展 ESG 战略规划，企业能够从内外制度因素中发掘适合企业自身的 ESG 发展理念，并经由价值共创，将其融入企业的发展战略之中。借助于企业的战略规划，实现 ESG 理念在企业中的战略内生外化。在进行了 ESG 战略规划后，企业将开启具体的 ESG 的战略实施过程。企业需要对组织结构进行调整和优化，构建与 ESG 战略相匹配的组织架构、建立 ESG 决策体系和汇报体系、明确 ESG 实施的重点任务、建立 ESG 工作的评价标准、衡量实际绩效、进行人才培养等任务。

在 ESG 战略实施过程中，需要注意以下几个方面：第一，企业的高层管理者应该对企业的 ESG 战略规划形成共识并给予充分支持，不能只通过某个部门或某个领导推动，ESG 理念应该融入企业的使命和公司战略；第二，企业应认识到 ESG 不是一项额外任务，它关乎企业日常经营和长期发展。过去很多企业只关心财务绩效，随着可持续发展理念以及绿色环保理念的不断深入和推广，企业非财务指标的重要性逐渐凸显；第三，企业实施 ESG 要做好顶层设计和管理机制建设，落实 ESG 与业务全面融合的制度设计与管理；第四，要确定 ESG 工作的考核指标，落实责任部门和责任人并进行多目标考核，及时总结反馈，反思改进，实现全过程闭环管理。

7.1　ESG 战略实施环节

企业 ESG 战略实施过程包括以下几个环节：构建 ESG 治理架构、建立 ESG 决策与汇报体系、实施 ESG 考核以及开展 ESG 培训（见图 7-1）。其中，开展 ESG 人才培训贯穿 ESG 战略实施的整个过程。

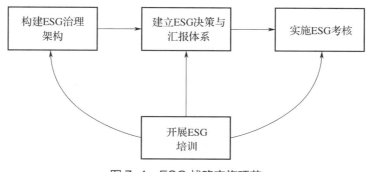

图 7-1　ESG 战略实施环节

（1）构建 ESG 治理架构，明确职责分工。在 ESG 战略实施过程中，首先，企业应建立清晰的 ESG 治理架构。企业搭建 ESG 治理架构并不意味着放弃传统的公司治理架构。事实上，ESG 治理架构是公司治理架构的有益补充。其次，企业应明确责任分工。ESG 事项应该被提升至公司治理的重要位置，覆盖决策层、监督层、执行层各个层级。企业应构建权责清晰的 ESG 治理架构，保障 ESG 事项融入不同层级的工作过程中，从而有助于 ESG 战略更好地实施落地。而 ESG 相关部门在 ESG 实施过程中的职责通常可以归纳为四种角色：一是引导者，引导董事会、管理层、执行层共同重视 ESG，旨在推动其成为公司战略核心议题；二是沟通者，在多种场合，沟通 ESG 重要性、相关项目进展等，旨在创造更高的透明度；三是支持者，通过鼓励、倾听、授权、帮助等手段，支持各相关部门和人员，将 ESG 战略落地；四是警示者，作为企业代表，与外部利益方包括政策制定者、社会媒体、投资者等协调和沟通企业 ESG 情况。

（2）建立 ESG 决策与汇报体系。企业应建立完善的 ESG 决策与汇报体系，明确审批决策流程，使 ESG 战略实施工作有效开展。包括但不限于在业务战略制定中引入 ESG 理念，在预算编制中考虑 ESG 投入和收益，在业务流程中增加 ESG 的考量，特别是对于 ESG 风险的防范。例如，宁德时代邀请第三方机构按阶段向上游供应链开展负责任矿产审核，落实对供应商的环境与社会责任风险管理，确保产品和服务从源头上符合可持续发展的要求。

（3）实施 ESG 考核。为更进一步提升 ESG 实施的效果，企业可以定期开展 ESG 考核。对照企业目前 ESG 实施情况和企业的战略目标，设计对应的指标，对员工的工作进行考核。ESG 考核对于提升企业 ESG 实践效果具有重要作用，有利于企业掌握 ESG 实施情况，发现 ESG 实施中的问题并及时进行优化和调整。例如，联想集团将 ESG 相关的考核指标融入集团的运营 KPI 中，首次将温室气体减排目标上升至集团关键绩效考核指标的关键高度，鼓励员工践行并提出更加进取的 ESG 目标。

（4）开展 ESG 培训。ESG 是一个崭新的领域，组织内各层级、各员工可能对于 ESG 的意义与实践的认知还不够深入。因此，企业开展 ESG 培训至关重要。ESG 培训始终贯穿 ESG 战略实践过程，通过培训和教育，企业可以培养员工对 ESG 的认知以及相关的技能，从而更好地提升公司在环境、社会、治理等方面的表现，并进一步降低企业的风险，提高企业的声誉和竞争力。此外，随着公众对企业社会责任越来越重视，拥有良好的 ESG 管理能力和实践经验的企业会更加受到市场和投资者的青睐。

7.2 构建 ESG 治理架构

构建 ESG 治理架构是一项系统性的工作。首先要明确 ESG 治理架构的层次，其次要界定 ESG 各层次职责。

7.2.1　ESG 治理架构的层次

构建 ESG 治理架构有三个要点：多要素融合、全方位推进以及高效率执行（见表 7–1）。

表 7-1　ESG 治理架构的要点

要点	细则
多要素融合	公司理念—长期战略—部署规划—项目评估
全方位推进	决策层—管理层—执行层
高效率执行	最高决策者和管理者的参与和监督

多要素融合是指将公司理念、长期战略、具体的部署规划以及项目评估均融入 ESG 要素。全方位推进是指三层的推进模式，主要分为决策层进行决策，管理层进行系统管理，任务下沉到各个系统后由各个部门高效率执行。高效率执行是指下级执行、落实 ESG 工作时，最高决策者和管理者进行参与和监督，以保证呈现出更高质量的效率和效果。根据构建 ESG 治理架构的三个要点，可以看出良好的组织架构需要来自顶层的驱动力。ESG 职能可以融入原有的公司治理架构，这样会大大降低企业治理架构调整的难度。在 ESG 管理体系建设初期，这样的设置方式对公司原本稳定的治理模式冲击最小，但又保证了 ESG 因素与公司治理的融合。

董事会作为公司最高的管理机构，在 ESG 决策或统筹方面发挥了重要作用。世界经济论坛专家讨论会认为，董事会层面的支持是确保 ESG 工作取得成功的首要和关键因素，不管最初的动机来自个人信念、投资者期望、监管要求还是长期价值创造的愿景，董事会的支持都是开展 ESG 工作的第一步[⊖]。一旦将 ESG 列为一项重点工作，企业领导就需要向企业的各级各层传达他们的支持，并配置相应的资源和建立相应的决策汇报体系，支持 ESG 绩效评估和报告工作。此外，董事会可以将 ESG 纳入企业经营规划中，制

⊖　世界经济论坛 .ESG 报告：助力中国腾飞聚势共赢［R］. (2021–03).https://www.doc88.com/p-10287106368663.html?r=1.

定相关战略并建立一套机制，来识别主要的风险和采取合适的风险缓释措施。可以考虑建立一个 ESG 或可持续发展执行委员会，来负责反腐败、气候风险管理和去碳化等事项，董事会将充当监督角色并提供相应指导。

同时，ESG 或可持续发展执行委员会可以更好地弥补董事会决策专业性不足的问题。一方面，ESG 委员会成员通常由董事会成员、高级管理人员担任，委员会主席则由董事会主席担任，以保障委员会有权力充分发挥 ESG 监督管理作用。另一方面，成员是否具备以及具备哪些 ESG 相关的教育背景、工作经验，也需要纳入考虑范畴，以便更专业地解决面临的 ESG 问题。最后，企业进行全要素推进还需要执行层将 ESG 的具体工作落地，而在这个过程中，决策层和管理层要时时进行参与和监督。

综上所述，一个成熟的 ESG 治理架构一般包括三个层次：决策层、管理层以及执行层。通过这三个层面的协同治理，进一步提升公司 ESG 的价值创造及风险应对能力。常见的 ESG 治理架构及其功能如下（见图 7-2）。

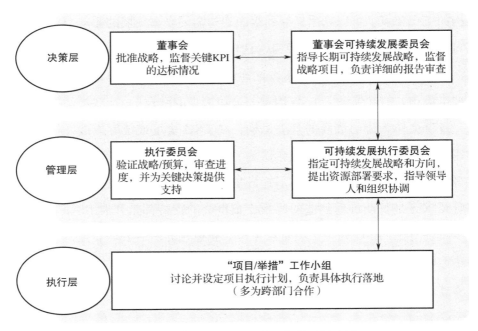

图 7-2　企业 ESG 三层治理架构及其功能

第一层是决策层。决策层由董事会负责，指导长期可持续发展战略，监督战略项目，负责详细的报告审查。

第二层是管理层。管理层由可持续发展执行委员会负责，制定可持续发展的战略和方向，提出资源部署要求，指导领导人和组织协调。

第三层是执行层。执行层主要由ESG工作小组以及社会责任相关的职业部门负责人构成，讨论并设定项目执行计划、负责具体ESG工作的推进落地。

7.2.2　ESG各层职责

职责分工是团队合作的关键因素。它有助于优化任务分配，提高团队协作效率和成效。明确每个成员的职责和责任，可以使每位成员都能清楚地了解自身的工作任务，从而更好地完成相应的工作。此外，职责分工还有助于消除竞争，促进团队整体发展。明确各层次的ESG职责可以更好地提升企业ESG实施的效果。

由于不同企业的ESG目标以及自身公司治理现状、营业规模、业务的社会影响等实际情况存在差异，其ESG治理架构并不完全相同，常见的有三层和四层ESG治理架构。下面以ESG三层架构（决策层、管理层、执行层）为例，分别介绍ESG架构中各层级的职责。

（1）决策层的职责。决策层主要由董事会负责。在ESG治理架构中，董事会直接参与ESG治理，发挥其对ESG事项的决策、监督作用，并引领ESG理念、战略的落实。这也是为何香港联交所在发布的新版《环境、社会及管治报告指引》中特别强调了以董事会为核心的ESG治理的重要性，并强制性要求上市公司阐明董事会对ESG事宜的监管、业务相关重要ESG事宜的识别评估等情况⊖。决策层的具体职责包括以下几个方面。

⊖　香港联合交易所.环境、社会及管治报告指引［R/OL］.(2021-12-31). https://www.chinamobileltd.com/sc/esg/sd/2021_ashare/12.pdf.

第一，董事会需要在企业决策沟通中充分发挥ESG领导力。董事会发挥ESG领导力是开展ESG治理的重要保障。一方面，在董事会与管理层决议ESG事项的过程中，从董事会要求管理层汇报企业ESG情况，到与董事会讨论时管理层能主动沟通ESG事项，再到管理层能主动提出ESG决策问题，董事会ESG领导力逐步发挥，使得ESG决策更符合业务发展需要。另一方面，在董事会与外部利益相关方的沟通中，从被动回应到准备好随时与利益相关方沟通ESG问题，再到主动与利益相关方沟通并寻求ESG问题的意见，董事会逐步加强与合作伙伴、供应商、客户等的密切沟通，并将其诉求纳入董事会决策考虑中，推动做出兼顾业务发展和社会环境效益的科学决策。

第二，董事会应推动与业务运营高度融合的ESG重大战略的制定。董事会应积极参与、审议企业ESG战略的制定，推动在战略规划过程中融入ESG事项，或者制定独立的ESG战略。更重要的是促进ESG事项全面融入企业战略的各个方面。

第三，董事会应重视ESG风险与机遇，关注ESG目标的达成情况。董事会参与ESG治理是长期妥善处理ESG风险、把握ESG发展机遇的关键。董事会应该审议确定重要的ESG风险与机遇，推动管理层制定有助于降低风险、发现长期价值的ESG计划与目标，并监督目标达成情况。

第四，组织或协调公司可持续发展及ESG事项相关政策、管理、表现及目标进度的监督和检查，提出相应建议，以及审议与公司战略或可持续发展有关的事项。

第五，对公司可持续发展领域，包括但不限于健康与安全、社区关系、环境、人权与反腐的相关政策进行研究并提出建议，确保公司在关系全球可持续发展议题的立场及表现符合时代和国际标准。

（2）管理层的职责。管理层通常指ESG业务委员会。业务委员会把ESG的要素融入治理架构中去，同时战略决策也要做到和ESG需求相结合。

在此期间邀请董事长参与或负责主持 ESG 相关工作，同时 ESG 业务委员会要求人员数量和背景设置合理，保持委员会的独立性不受其他环节的干扰。通常 ESG 业务委员会被赋予以下职能。

第一，监督企业 ESG 愿景、目标、策略、政策等制定，检查 ESG 相关的政策、法规、标准、趋势及利益相关方诉求等，并判定企业 ESG 事宜的重大性，向董事会提供决策咨询建议以供审议。

第二，下达 ESG 工作任务，并协调公司内部资源。监督和评价企业 ESG 工作的实施、ESG 战略的执行情况，掌握 ESG 目标达成的进度，并就下阶段 ESG 工作提出改善建议等。

第三，识别以及厘定公司重要的 ESG 风险议题的排序。

第四，评估公司业务模式和架构模式的 ESG 合规性。

第五，审阅公司 ESG 报告及其他 ESG 的相关披露信息。

在 ESG 治理架构中，不同企业管理层的职责并非千篇一律，企业需要考虑自身实际需要，做到责任清晰、分工明确。

（3）执行层的职责。执行层主要由 ESG 业务小组负责。ESG 业务小组通常由两种形式构成：一种是由原有的各职能部门（例如财务部、人力资源部、运营部或法律部等）承担 ESG 的职责，另一种是通过聘请 ESG 相关员工专门组建 ESG 业务小组。ESG 业务小组作为 ESG 管理委员会的下设机构，负责 ESG 政策和目标的具体执行，是公司 ESG 事项的日常工作和协调机构。通常 ESG 业务小组需要承担以下职责。

第一，ESG 业务小组负责拟定各项 ESG 议题的制度、规划和标准，阶段性工作计划和实施方案，供管理层审批。

第二，ESG 业务小组与各业务部门建立联系，指导、监督和检查各部门 ESG 工作情况，并及时将各业务部门与 ESG 相关的工作事项反馈至管理层。

第三，ESG 业务小组负责对公司 ESG 信息收集、汇编，编制 ESG 报告及相关文件。

第四，汇报和总结 ESG 工作中的问题和成果，向 ESG 委员会报告进展，提出合理化建议。同时识别企业所面临的 ESG 风险，上报管理层，并针对各项 ESG 风险制订管理政策和计划。

✉ 案例 7-1

三峡国际的 ESG 治理架构

三峡国际能源投资集团有限公司（简称"三峡国际"）的治理架构是 "ESG 双委员会 +ESG 办公室"的模式（见图 7-3）。ESG 双委员会包括董事会 ESG 与关联交易委员会以及公司 ESG 执行委员会。

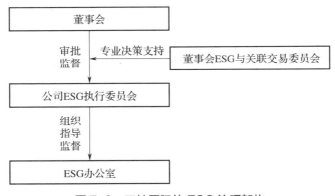

图 7-3　三峡国际的 ESG 治理架构

董事会发挥的作用主要包括机构建设、关注重点和把握实施。首先，机构建设，即 ESG 委员会和 ESG 办公室的建设，是进行 ESG 工作的基础。其次，关注重点，董事会要对 ESG 双委员会工作过程中的决策重点进行审批。最后，董事会还负责对 ESG 实施内容和履行机制的把握，在实施内容方面具体有四项：组织研究、审核内容；重要性评估；持续跟踪评估 ESG 体系运作情况；识别相关风险和机遇。而五条履行的机制则具体包括：定期组织会议；审批相关文件；参与公司的 ESG 重大活动；听取公司的专项报告；查阅公司的 ESG 信息。

公司 ESG 执行委员会主要是在董事会及其专门委员会监督指导下，负责对承担 ESG 总体工作的下设 ESG 办公室进行组织、指导和监督。董事会 ESG 委员会与关联交易委员会作为董事会在 ESG 方面的专业支持决策机构。

ESG 办公室的形成过程是一个多部门整合的过程。在进行 ESG 业务的部门整合之前，董事会办公室承担了社会责任工作，安全环境部则主要负责安全、员工职业健康以及环境的管理。在部门整合之后，原有董事会办公室的社会责任工作由安全环保部接管，并在安全环保部原有人员配置基础上形成了一个新的机构——ESG 办公室，受 ESG 执行委员会管理。具体 ESG 业务的开展需要各部门的配合与支持。因此，ESG 办公室将与各部门建立联系。

✉ **案例 7-2**

华夏基金的 ESG 治理架构

华夏基金管理有限公司（简称"华夏基金"）建立了公司层面的 ESG 业务委员会，其与投资委员会、风险控制委员会等平行，成为国内最早设立公司层面 ESG 业务委员会的公募基金公司。这个委员会的建立也标志着华夏基金"四个层级"的 ESG 治理架构的成形（见图 7-4）。

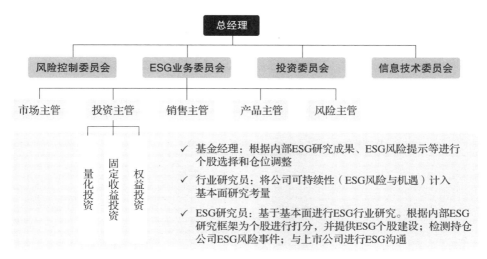

图 7-4 华夏基金的 ESG 治理架构

层级一是总经理。提供纲领性指导和 ESG 项目及责任投资的监督服务、参与面向国内和国际的投资者教育。

层级二是 ESG 业务委员会。制定公司层面的责任投资原则和战略，定期回顾和更新公司 ESG 禁投标准，部署及监督公司各个资产类别、业务条线和职能部门中的 ESG 整合过程。

层级三是基金经理和行业研究员。基金经理根据内部 ESG 研究成果、ESG 风险提示等进行个股选择和仓位调整；行业研究员则将公司的可持续性——既包括 ESG 的风险，也包括 ESG 机遇——加入基本面研究考量。

层级四是 ESG 专门团队层面。该团队隶属于投资部门，负责推动 ESG 在投资分析、风险管理和公司沟通过程中的整合。他们承担了搭建内部 ESG 评级框架、专题研究、对组合持仓进行定期评估、监测 ESG 评级调整、与上市公司沟通、内部培训等具体工作。

✉ **案例 7-3**

京东物流的 ESG 治理架构

京东物流集团（简称"京东物流"）的 ESG 治理体系由决策、日常管理、工作实施和外部资源构成（见图 7-5）。

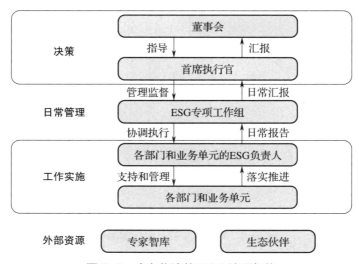

图 7-5 京东物流的 ESG 治理架构

决策层。董事会和首席执行官协同参与 ESG 相关决策，制定 ESG 管理指标与机制，监督并指导相关工作的落实。例如，首席执行官会基于对气候相关风险与机遇的识别，建立战略框架，并就风险管理及目标落实进程开展日常监督与汇报。

日常管理层。由市场与公共事务相关团队牵头，财务、人力等相关部门组成的 ESG 专项工作组，负责 ESG 相关工作的日常管理，并与各部门及业务单元的 ESG 负责人进行工作接洽与协调。

工作实施层。各部门及业务单元的 ESG 负责人按照既定的管理指标与机制落实 ESG 相关具体工作，并定期向 ESG 专项工作组汇报。

外部资源层。ESG 专项工作组协同由专家智库和生态伙伴组成的外部专业资源，采纳其对京东物流 ESG 相关工作的期待与建议，进一步提升自身ESG 治理水平。

7.3 建立 ESG 决策与汇报体系

企业在搭建好 ESG 治理架构后，重点将关注如何有效地实施 ESG 战略。这个过程较为复杂，从前期准备到实施，再到最终的整合涉及多个部门间的协作，不但需要考虑外部宏观经济环境和政策导向，也需要对自身能力进行客观分析。因此，为了更好地利用资源和控制风险，建立科学的 ESG决策与汇报体系非常必要。

7.3.1 ESG 决策体系

有效的 ESG 决策体系可以帮助企业在实施过程中时刻与整体战略保持一致，能够以最佳的方式实现 ESG 目标，并及时识别和处理 ESG 战略实施中遇到的问题。同时，建立一个有效的 ESG 决策体系也是提高决策系统性与科学性的需要，是企业应对风险的必要保证。构建 ESG 决策体系，需要在 ESG 战略实施的关键环节设置决策"门禁"制度。通过集合各层级力量，进行分级审批决策，可提高企业 ESG 决策的正确性，同时也是防控 ESG 风险的必要保证（高树明，2020）。建立 ESG 决策体系的具体步骤包括六个方面（见图 7-6）。

图 7-6 ESG 决策体系具体步骤

（1）定义目标。首先，企业需要定义 ESG 目标，以确保决策符合其环境、社会和治理方面的责任（王黔和潘景远，2019）。定义目标主要包括识别问题和确定目标两个步骤。识别需要解决的 ESG 问题或一组问题可能涉及多个方面。例如，如何确定一项 ESG 议题是否具有重要性？如何从定性或定量的角度应用规则？如何确保负责 ESG 评级识别工作的团队和负责人能够获得及时有效的必要信息？相关团队和负责人应该从何种渠道、以何种方式获得公允且有价值的外部信息？企业内的哪些部门或委员会应该协同提供哪些信息？相关团队和负责人获取内部信息的频率是什么？已经识别出来的具有实质性的 ESG 议题应该以何种程序被确定优先等级？如何记录和汇报已经确定优先等级的 ESG 议题？已经识别出来的具有重要性、实质性的 ESG 议题应该以何种流程和措施跟进？如提交审议、重新评估或进行管理等。对于某一项 ESG 议题应该以何种流程和方式评估短期、中期和长期给企业的商业模式、价值链、现金流量、融资渠道和资本造成的影响？应以何种流程和方式来制定与其相关的应对战略？如何为相关战略提供实施的资源？如何把 ESG 议题对短期、中期和长期的影响纳入企业的财务规划？在识别出应解决的问题后，如何将其确定为组织的目标？

（2）明确决策标准。确定公司决策过程中应遵循的 ESG 衡量标准。一旦决策者确定了问题，就必须要明确对解决问题而言比较重要的或与之相关的决策标准。每位决策者都有指导其决策的一套标准，如果相关标准不是同等重要的，那么决策者必须对不同的标准授予不同的权重，使他们在决策中具有正确的优先级。

（3）制定决策方案。一旦确定了目标（或一组目标），下一步就是根据决策标准制定一套有助于实现ESG目标的方案，强调和协调组织内外部利益相关者的共同行动。此时，需要收集有关环境、社会和治理方面的信息，以便对数据进行评估，作为制定ESG决策方案的依据。例如在制定ESG投资决策方案时，设立一个临时工作组或常务委员会，评估可能采取的措施，比较四类投资策略：ESG融合、积极的所有权、投资组合筛选和影响投资行为，确定各种备选方案的潜在影响。ESG相关决策的潜在权衡因决策者而异。有时需要做出重要的判断，特别是当决策者具有诸如人道主义、政治或宗教等价值偏好时，决策者必须采用对他们而言比较重要的标准，并确保一旦决定是否采取措施以及采取何种措施，他们会有明确的预期。例如，第一创业制定的决策方案是由ESG研究员根据国内外最佳实践为相关部门设置需要完成的实质性议题，再由各部门结合自身的工作，分析各自部门实质性议题的合理性，最终达成共识。

（4）实施决策。决策实施过程非常关键，要确保制定的ESG决策能够被执行。在执行决策时需要将决策传递给受到影响的人，并得到他们的承诺（罗宾斯和库尔特，2017）。受到影响的人也就是利益相关者，利益相关者是公司制定ESG战略、优化ESG管理的重要因素。与利益相关者沟通企业的ESG决策情况，以增强透明度和信任。借鉴全球企业的经验和实践，利益相关方应当包括：董事会成员、员工、股东及投资者、政府及监管机构、供应商、客户、合作伙伴、社区及公众。当然，具体的利益相关方还需要根据每个企业自身的业务特点来确定。构建多元化的沟通机制是实现与利益相关方进行信息沟通的关键举措，也是实现价值共创的重要途径。

价值共创是企业获取竞争优势的一种新价值创造方式，它突破企业主导的传统价值创造观点，强调以用户为中心，各价值创造主体通过资源整合共同创造价值。针对不同利益相关方，沟通渠道会有所差异（见图7-7）。

图 7-7　不同利益相关方沟通渠道

此外，根据香港联交所《环境、社会及管治报告指引》，在与利益相关方进行沟通时，应遵循以下原则：第一，重要性原则；企业应组织利益相关方对不同 ESG 议题重要性进行评估，以确定需要披露的内容及程度。第二，量化原则；企业应订立可计量的 ESG 关键绩效指标。第三，平衡原则；企业应不偏不倚地呈现正反两面事实，避免不恰当地影响利益相关方的决策或判断。第四，一致性原则；企业应参照行业标准采用一致的数据统计方法，保证企业内及行业内的可比性。例如，第一创业充分考虑客户、投资者、员工、监管机构等利益相关者的诉求，以及结合组织所处的经济发展情境，开始实施各部门的实质性议题。

（5）集成到业务流程。将 ESG 因素纳入日常业务流程和决策过程，以确保其贯穿所有活动。将 ESG 决策事项布置于不同的职能部门，需要做好跨部门的协作。例如，第一创业的实质性议题的实现与多个部门相关。职业安全与健康涉及员工的健康管理和健康保障，这牵涉到人力资源部与行政管理部门。为此，ESG 委员会鼓励各部门建立协商机制。

✉ 案例 7-4

中国平安的 ESG 战略实施与业务融合

中国平安在 ESG 战略实施阶段，深度结合多元业务，驱动 ESG 精细化运作，全面升级绿色金融行动，致力于打造责任平安。中国平安成立集团绿色金融委员会，统筹绿色金融相关战略、规划、制度等制定和审议，以确保负责任投资、可持续保险、负责任银行、负责任产品等具体工作的顺利推进。其中，中国平安为更好地践行负责任投资理念，制定了《平安集团责任投资政策声明》，明确了责任投资的适用范围，阐释了平安集团的责任投资策略。

同时，中国平安成立了责任投资专家小组，由集团 ESG 办公室、集团资产管控中心与主要业务公司投资团队组成，为集团负责任投资提供专业支持与指导。中国平安在基础研究、分析和投资决策过程中积极纳入 ESG 考量，由于 ESG 因素在不同公司和行业的重要性各不相同，中国平安根据自身投资理念、标的特征及实际情况制定各资产类别专有实施方法，多方式多渠道地推进投融资流程中的 ESG 整合。在此基础上，中国平安进行了发行全国首单供应链（应付）绿色资产支持商业票据 ABCP、助力京能清洁能源发行碳中和 ABS、投资新能源电池技术等负责任投融资实践。

此外，中国平安将 ESG 因素全面融入包括保险业务在内的公司核心业务发展战略之中，建立可持续发展模型，在产品开发、设计和评估中不断加深 ESG 因素的融合，加大产品创新力度，以持续完善和丰富可持续保险组合。2022年，公司积极响应国家"碳中和"战略，进一步推动绿色保险产品和服务的开发。同时，中国平安持续关注中国人口健康以及城市化发展趋势带来的保险产品需求变化，积极开发多种社会及普惠类的保障型产品，为弱势群体、特殊关怀人群及新市民群体提供更全面的健康及生活保障。目前，中国平安的可持续保险主要分为绿色保险、社会类保险、普惠类保险三类。绿色保险包括：环境、社会、治理风险保险业务、绿色产业保险、绿色生活保险；社会类保险包括责任险、医疗险、老年险、重疾保险等；普惠类保险主要为三农类保险、特殊群体保险、小微企业经营保险等。

（6）定期重新评估。与其他决策一样，最后一步是监测和评估ESG决策的效果，以确保符合企业的目标和责任，并确定是否采取进一步措施。评估ESG决策可以准确地跟踪ESG实施情况。评估ESG决策成果可以通过监测相关数据来确定哪些决策是成功的。而评估结果对于及时修正和优化决策是非常重要的。监测的内容包括：决策目标实现的进度如何？以何种频率进行监督和评估？如何监督重大ESG议题的决策过程和管理过程？如何对ESG工作的整体情况进行监督？如何评估相关负责人和团队的业绩和工作成果？是否建立与业绩监督和评估结果挂钩的薪酬体系？如何对董事会、委员会负责人和团队的工作提出建议？如何与其他下属的委员会，比如审计、风险、合规等委员会工作进行协同？是否聘请外部的评估机构？如果聘请应该遵循哪些流程？

通过建立有效的ESG决策体系可以帮助企业更加科学、有效地实施ESG战略，为企业实现可持续发展提供指导。企业在建立ESG决策体系过程中可以采用智能化管理平台进行辅助。例如，中国平安利用人工智能技术开发了ESG智能综合管理平台——AI-ESG平台（见图7-8），形成了独特的"平安模式"。

中国平安希望逐步构建有中国特色的国际领先的ESG模式，以更好地贴近资本市场对于ESG管理的需求，增强ESG信息披露，稳固投资者关

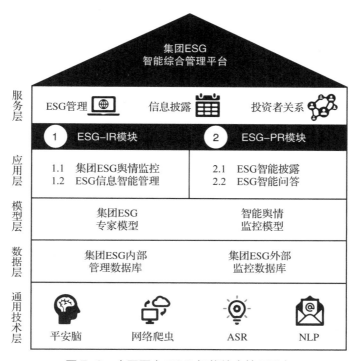

图 7-8　中国平安 ESG 智能综合管理平台

系，实现企业稳定可持续发展。中国平安的 ESG 管理平台是战略实施的重
要工具手段，通过搭建平台实现统一协同的管控，以求进一步提升 ESG 管
理水平和效率。

7.3.2　ESG 汇报体系

ESG 战略的有效实施不仅需要构建科学合理的决策体系，同时也需要制
定完善的 ESG 汇报体系。在制定 ESG 汇报体系时需要重点关注以下内容。

（1）汇报对象的确定。在企业 ESG 实施过程中需要明确相关工作的汇
报对象，例如 ESG 工作的上级领导或直接负责人等。ESG 工作上下级之间
的汇报必须要有明确的对象，才能确保汇报信息及时到达、正确有效。

（2）汇报方式的选择。在确定了汇报对象之后还需要选择合适的汇报方
式。常用的汇报方式包括口头汇报、书面汇报等，具体方式要根据情况进行

选择。

（3）汇报内容的准备。每次进行汇报之前，汇报人需要提前准备好汇报内容，确保汇报的真实准确且不遗漏关键信息。汇报内容通常包括 ESG 工作计划、ESG 实施进展情况、存在的问题、建议等。

（4）汇报时间的安排。明确 ESG 工作的汇报时间有助于 ESG 工作的顺利开展。ESG 工作的汇报时间安排主要有两种：一是常规性汇报时间；二是临时性汇报时间。常规性汇报需要有一定的规律和时间安排，例如定期的 ESG 沟通会，董事会（ESG 重要事项须提交董事会审批）等。临时性的 ESG 汇报时间安排较为灵活。当 ESG 实施过程中遇到突发事件等，需要临时召开 ESG 沟通会，由 ESG 工作人员向上级汇报相关事项。

（5）汇报反馈的及时性。对于 ESG 相关的汇报内容，上级要及时给予反馈。要结合 ESG 相关政策、行业通用做法以及下级的意见等，提供方向指导，推进工作进展。

ESG 汇报体系自上而下分别是董事会、ESG 管理委员会、ESG 工作小组以及涉及的各个部门（见图 7-9）。

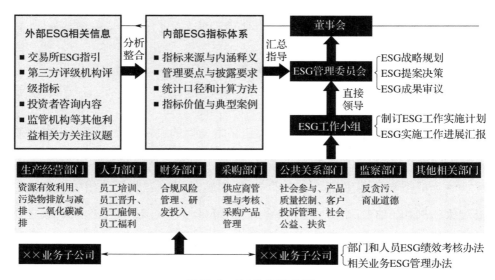

图 7-9　ESG 汇报体系

董事会在企业 ESG 汇报体系中发挥 ESG 领导和监督的作用。在 ESG 汇报体系中，ESG 管理委员会应将 ESG 相关的重要事项汇报给董事会，并征求董事会意见。通常，ESG 管理委员会进行 ESG 战略规划、ESG 提案决策和 ESG 成果审议。之后，ESG 管理委员会将提案上报给董事会，在获得董事会批准后，ESG 管理委员会将决策结果反馈给 ESG 工作小组。ESG 工作小组可以协调领导各部门或各业务子公司，再将信息反馈到各部门，进行 ESG 信息的流转。各个企业的业务部门可能存在差异。一般而言，企业的业务部门包括生产经营部门、人力部门、财务部门、采购部门、公共关系部门、监察部门以及其他相关部门等。

ESG 工作小组负责制订 ESG 工作实施计划，跟踪并掌握 ESG 实施进展，并将其汇报给 ESG 管理委员会。同时，ESG 工作小组还需要关注企业外部的 ESG 相关信息并汇总汇报给 ESG 管理委员会。这些外部 ESG 相关信息包括交易所 ESG 指引、第三方评级机构评级指标、投资者咨询内容、监管机构等其他利益相关方关注议题等。这些信息经过分析整合后形成内部 ESG 指标体系，包括指标来源与内涵释义、管理要点与披露要求、统计口径和计算方法、指标价值与典型案例等。这些信息也为 ESG 工作小组开展相关工作提供指导和借鉴。

ESG 汇报体系的制定为各个层级提供了明确的汇报路径，包括董事会对 ESG 议题的决策范围和程序，确定 ESG 管理委员会或 ESG 工作小组内部的汇报路径，确定应该提交股东会决策的 ESG 议题和决策等。同时，在制定 ESG 汇报体系时也需要考虑多个方面。例如，董事会和股东会如何从整体上对 ESG 工作开展监督，监事会是否被授予一定的监督职权，以及如果监事会被授予职权，应该监管哪些 ESG 相关的工作。

7.4　实施 ESG 考核

ESG 考核是评估企业 ESG 实施效果的重要方式。通过对照企业的现状和企业的 ESG 战略目标，运用相应的评价方法，可以对不同层级考核对象的 ESG 工作进行考评。

7.4.1　考核的目的

ESG 考核不仅能够评估企业 ESG 实施效果，同时也能及时发现问题，进一步开展优化和完善。企业应采取有效的措施保障 ESG 考核能够充分发挥作用。概括而言，ESG 考核的目的主要体现在以下几个方面。

一是提高工作人员的积极性和主动性。ESG 考核能够充分调动工作人员的积极性与主动性。企业员工能够通过 ESG 考核相互督促、相互帮助、共同促进。同时 ESG 考核也能增强企业员工的竞争意识，使工作人员能够严格要求自己，进一步提升工作绩效。

二是更好地实现企业的 ESG 目标。通过 ESG 考核的贯彻实施，工作人员可以将 ESG 考核中涉及的具体标准作为指引，有目标地、更好地完成相关工作，从而实现企业总体的 ESG 目标，进一步提升企业的综合实力。

三是进一步完善 ESG 各项工作。企业可以通过开展 ESG 评估，发现并总结 ESG 实施中遇到的问题及薄弱点，及时进行修正和完善，为后续 ESG 各级目标的优化及相关工作的顺利开展提供指导。

7.4.2　考核的方法

常见的绩效考核的方法有平衡计分卡、KPI、360 度考核等，这些考核方法也可以与企业 ESG 的目标相结合，从而达到良好的考核效果。

（1）平衡计分卡。平衡计分卡是从财务、客户、内部流程、学习与成长四个方面将企业的战略确定为可衡量的指标，根据这些指标值对企业进行绩效评价的方法。该方法不仅考虑财务因素，也考虑驱动未来财务因素的非财务因素，实现了财务与非财务、长期与短期的平衡，有利于衡量企业的综合实力（李畅，2022）。

（2）KPI。KPI法也称为关键绩效指标法。关键绩效指标法是指将企业的战略目标进行归纳，分解出可操作的实现目标的各个工具，然后抓取关键因素作为绩效评价依据的一种方法。它可以将复杂的企业问题简化成与企业战略目标紧密相关的各个关键因素，通过简化指标的筛选来简化绩效评价，有利于员工明确企业的战略目标，协调好各方利益，提高企业运营效率。

例如，京东集团将环境、社会及企业治理标准和相关事项全面融入企业管理体系之中，还设立风险管控、信息安全、商业道德与反贪腐、节电节能等目标，并将目标完成情况纳入管理层考核评估，实现管理层薪酬与可持续发展绩效挂钩。中国建设银行在绩效考核指标体系中设立了定性与定量的可持续发展相关指标，结合可持续发展目标，不断完善薪酬评价中可持续发展指标设置与考评机制，将考核结果与薪酬直接挂钩，充分契合可持续发展战略，切实推动落实相关管理举措。其中，定量考核是针对生态文明建设、践行社会责任、强化风险管理等可持续发展相关指标，合计权重占比超过20%，包括绿色金融、普惠金融、乡村金融、客户权益保护、案件防控、反洗钱等方面。定性考核是针对"履职绩效"等可持续发展相关指标，明确"完善绿色金融服务体系，撬动更多资源向绿色低碳产业倾斜""落实新发展理念、推进业务转型与发展创新""遵守职业道德""做到清正廉洁"等具体要求，合计权重占比超过20%。

（3）360度考核。360度反馈评价法，又称"360度考核法"或"全方位考核法"（董梅香和朱紫阳，2020），最早由英特尔公司提出并实施。它是指由与被考核者直接接触较多、对被考核者工作表现较为熟悉的上级、同级、下级、客户以及被考核者本人，从多方面、不同角度对被考核者的工作业绩进行评估，最后根据设好的权重得出综合的评估结果。其目的一方面是为了提高绩效，另一方面则是为了让被考核者全面了解自己的优点与不足。

7.4.3　考核的内容

在对 ESG 的实施情况进行评价时，考核内容会随着主体的不同而发生变化。本节将分别介绍企业层面、高管层面、部门层面以及员工层面的 ESG 考核内容。

1. 企业层面的 ESG 考核

企业层面的 ESG 考核是对整个企业的 ESG 评级进行考核。企业的 ESG 评级通常由商业机构和非营利组织共同创建，用以评估企业如何将承诺、绩效、商业模式和组织架构与可持续发展目标相匹配。ESG 评级是将环境、社会和公司治理三个方面作为主要考量因素进行投资评估的评级方式。评级结果对于公司而言十分重要，它将影响公司资本成本的确定，以及公司的股票是否会被纳入 ESG 专项共同基金（mutual fund）或交易所交易基金（exchange-traded fund，ETF）之中。公司的评级结果会显示在成千上万的终端和其他信息传播设备上，在媒体或其他机构组织编制"最佳"或"最可持续"公司名单时被用作参考，被监管组织用于筛查"洗绿"行为，以及供求职者作为参考。评级机构也有可能给予高评级公司以特殊地位。对于被评级的企业而言，如果要让自己的商业战略适应社会期望和生态边界，那么企业可以使用该评级体系来更好地了解自身的优势、弱点、风险点和机遇点。因此，首先要考察企业的 ESG 评级结果是否得到提升。

其次，针对企业的获奖情况进行考核。企业获得 ESG 奖项，例如 ESG 年度大奖、ESG 金牛奖等，对于企业的成长和发展有着重要的帮助。对企业已有 ESG 实践予以认可和激励有助于促进企业之间在 ESG 方面的交流和协作。ESG 获奖情况是对于企业在 ESG 方面的一种肯定，彰显了企业的软性竞争力和企业文化。获得 ESG 相关奖项可以提升企业形象及知名度，同时也有利于提高企业品牌知名度。

最后，针对企业特定指标进行考核。主要包括可持续发展经济绩效、可持续发展社会绩效、可持续发展环境绩效。通过更高效的资源利用和更好的风险管理，ESG可以提高企业的可持续发展绩效，包括收入、利润和现金流量等。通过科学有效地践行ESG，公司将更加注重对人权、劳工权利和社会公正的支持等，从而改善可持续社会绩效，例如提升劳动合同签订率、社会保障覆盖率、员工诉求回应率、年人均培训时间等指标。此外，企业的ESG情况还将影响企业的碳排放、能源消耗、废物排放、水资源利用等方面，从而影响可持续发展环境绩效，例如，节水量、中水回用率等指标。

2. 高管层面的ESG考核

随着ESG理念的普及以及ESG投资的进一步发展，企业将面临更大的压力。投资者、监管机构和公众将向企业提出更高的ESG问责制。将ESG因素纳入高管薪酬及激励计划，是董事会促使管理层对公司ESG进展负责的方式，也是公司向利益相关方表明其足够重视ESG问题的途径。尽管这种实践刚刚起步，但市场发展表明，来自投资者的相关诉求正迅速提高，将高管薪酬与ESG因素联系起来、根据ESG绩效目标对高管薪酬进行约束等问题受到关注。据统计，目前入选欧美资本市场核心指数的公司中，有近50%的公司将ESG与高管奖金或中长期激励挂钩。标普500成分股中有15%的公司制订了与ESG相关的高管激励计划；富时罗素100指数中有约45%的公司将高管激励计划与ESG目标挂钩。在MSCI ESG评级中，"高管薪酬"议题中已经设置有"是否与可持续性（ESG）挂钩"的考核指标。在国外，苹果、麦当劳、星巴克、壳牌等大型跨国企业均已明确宣布将ESG指标纳入管理层的奖金计算。在国内，优秀企业也在积极探索ESG考核。例如，为了将可持续发展目标深度融入各个业务集团、公司的商业战略和设计中，阿里巴巴控股集团董事会薪酬委员会升级治理机制，将ESG目标和其他商业与合规目标一起纳入业务集团和公司CEO的绩效与薪酬考核指标体系。

从外部视角来看，公司将高管薪酬与ESG因素相关联可以向市场传递"积极ESG行动"的信号，增强相关方对公司可持续发展的信心。从内部来看，通过将 ESG 因素纳入高管薪酬，公司可以有效保障 ESG 管理要求的严格执行。因此，在设计 ESG 高管绩效考核指标体系时，有如下几种选择。

第一是相互独立的 ESG 指标通过权重整合到一起，例如高管薪酬激励计划有 15% 与碳足迹目标有关，10% 与客户满意度相关，10% 与企业无重大违规事件相关。

第二是战略记分卡（strategic scorecard），即一定比例的高管薪酬激励计划整体与若干指标挂钩，这些指标可能只包含 ESG 指标，也可能是 ESG 指标与财务绩效指标的结合。

第三是保留薪酬委员会根据 ESG 绩效提供额外薪酬激励的空间，但未设定清晰的 ESG 目标。

从现实情况来看，企业更倾向于设定明确的 ESG 指标（前两种方式），并据此进行有效评估。在 2021—2023 年，标普 500 指数成分股中使用独立的 ESG 指标的公司比例从 25.5% 增加到 31%，而采用战略记分卡的比例也从 20.9% 增加到 35.2%。

企业如何设计适合自身的高管 ESG 考核体系，可以从以下几个方面考虑。

首先，确定目标。确定组织的薪酬计划旨在实现什么目标，这些目标如何与公司的宗旨和战略相联系。明确界定这一目标至关重要，因为它将为所有后续的薪酬计划设计选择提供依据，并将据此对浮动薪酬计划进行评估，特别是围绕哪些 ESG 指标可能在相关时间范围内产生重大影响。

其次，确定指标。组织应确定哪些 ESG 指标重要，哪些不重要。例如，减少温室气体排放具有积极意义，可能已列入每个人的议事日程。但对于金融服务业而言，减少自身场所的温室气体排放影响有限，而减少与投资或贷款组合相关的排放则影响更大。这种重要性是 ESG 与企业绩效之间关系的关键问题，也决定了高管薪酬应该如何与 ESG 指标挂钩。

再次，确定指标的权重。虽然企业在薪酬方面更加关注 ESG 主题，但分配给这些指标的权重往往不足以产生影响。如果高管的薪酬与一揽子财务和非财务指标（包括 ESG）挂钩，那么这些指标对高管行为产生影响的可能性就很小。要么是对太多因素的关注被淡化和分散，要么是由于对薪酬的影响微乎其微而根本没有得到关注。为了增强 ESG 考核对高管的影响力，薪酬计划需要与明确的关键绩效指标挂钩，并对参与者具有财务意义。例如，玛氏的长期激励计划就采用了这种方法，将薪酬与四个"绩效象限"（财务业绩、质量增长、积极的社会影响和成为值得信赖的合作伙伴）明确挂钩，两个非传统指标各占 20% 的权重。由于玛氏的投资者具有长远眼光，玛氏将这些非传统指标视为明确的股东目标。

最后，确定衡量方法。出于激励目的，可持续发展关键绩效指标必须是可衡量的。在确定了要使用的指标后，需要量化和校准所选每项关键绩效指标的目标绩效水平。例如，在"Y"年内将温室气体减少"X"%。考虑使用相对目标，以便进行部门比较。另外，在评估温室气体排放等内部效率时，最好将衡量标准与销售或生产水平挂钩。例如，生产量降低导致的排放量减少并不能衡量能源效率的进步。此外，要提升效率，与薪酬挂钩的目标应该是可审计的，并尽可能按照现有的披露标准进行披露。经审计的目标可提高措施的可信度，从而提高薪酬计划的可信度。此外，通过使用现有的披露标准，薪酬披露将变得透明和具有可比性。例如，在使用全球报告倡议组织的排放标准时，可以有效监测随后几年基于数量的绩效，并将其与高管薪酬的支付明确挂钩。

3. 部门层面的 ESG 考核

部门层面的 ESG 考核是指在公司内部按照业务单元（多以部门进行划分）、地域分布等标准将企业整体划分成多个子 ESG 评价对象，并对其 ESG 绩效进行评价的过程。部门层面的考核是对企业整体 ESG 绩效考核的分解和细化。首先，部门层面的 ESG 考核目标的制定要根据部门自身的特点来设定。应该做到 ESG 考核指标清晰、可量化。

为使各个部门的 ESG 考核指标具象化，可以通过实质性议题更好地明确各个部门与公司 ESG 治理体系的关系。也就意味着将实质性议题嵌入 ESG 目标，分解为各个部门目标，最终形成考核指标。公司管理者通过梳理公司的组织架构和工作岗位，再结合各部门的岗位职责，确立 ESG 实质性议题在各部门的具体考核要求。例如，第一创业公司的投资业务部门的考核是根据 ESG 实质性议题确立的，具体考核要求有经济绩效、ESG 投资策略、产品与服务设计；风险管理部的考核要求有 ESG 风险管理、金融活动的环境影响；人力资源部的考核要求有雇佣关系、员工平等与多元化、员工培训与教育、职业健康与安全、道德与诚信等。

4. 员工层面的 ESG 考核

员工层面的考核主要评估员工是否完成了 ESG 计划所设立的各目标。具体考核内容有："重要任务"考评、"日常工作"考评和"工作态度"考评等。"重要任务"考评是指考评员工所从事的 ESG 具体工作，该部分是员工层面评价的重点。"日常工作"考评是指考评员工在工作时是否符合 ESG 制度。"工作态度"考评是指考评员工在从事 ESG 工作时是否有严谨、负责、认真的态度。例如，第一创业在考核员工时，首先注重考察员工是否具有与 ESG 相符的核心价值观，当员工的职业道德和价值观层面与企业存在严重不一致时，会采用一票否决。而三峡国际将员工的 ESG 工作情况关联至绩效考核，影响年终奖的发放，并且采用"顶层推动、底层落实"的方式。ESG 专业委员会中每个成员考察一到两个部门的联络员，跟踪其 ESG 方案的落实情况，细化到月以及具体的工作任务。

7.4.4　考核结果的反馈及优化

ESG 考核结果的反馈和优化是 ESG 战略实践的一部分。现实中战略制定者并不是按部就班地履行战略管理的全过程，而往往是在战略实施的过程中重新认识企业的机会、威胁、优势与弱点、任务、目的、政策和业绩等。通过 ESG 考核结果的反馈，企业可以不断修正战略以适应竞争及生存的需要。ESG 考核结果的反馈不仅仅是参照设定的 ESG 战略目标对企业成员的实际业绩进行评估、判断，及时将评价结果反馈给被评估对象。更重要的是，管理者要与员工通过平等沟通，取得共识、商议并制订改进计划，进一步达成对 ESG 工作优化的过程。因此反馈是 ESG 考核的重要环节，肩负着促进企业内部跨层级沟通和提高评级公平性的重要责任（陈幼红，2022）。考核结果的反馈及优化主要包括以下四个方面。

1. 对 ESG 考核结果达成共识

一个 ESG 考核管理循环即将结束，员工如果能够得到自己 ESG 工作的反馈信息，有助于在以后的工作中不断提高技能、改进绩效。同时，对于企业来说，也有助于明确今后 ESG 实施的改进方向及重点，有利于整个企业 ESG 实施效果的提升。在这个过程中，员工和主管部门之间对于 ESG 考核结果达成共识至关重要。例如，阿里巴巴集团根据员工岗位性质，按照季度或半年开展绩效评估。主管和员工须共同设立目标，过程中双方保持对焦，主管需要对员工持续辅导；在绩效评价环节，员工先自我评估并邀请合作方评价，主管再结合自评和合作方反馈综合评价。若员工对绩效结果有异议，可通过复议申诉通道申请专门的复议小组处理。同时企业也会提供绩效改进辅导通道。

2. 肯定成绩，明确 ESG 提升方向

ESG 考核的结果一般应包括两个方面：取得的成绩以及需要改进的方向。例如，如果员工在 ESG 相关指标中获得较高评价，需要进行认可和鼓励。可以结合 ESG 相关指标设计合理的员工薪酬体系，鼓励员工重视 ESG 工作，并提升积极性。对于员工得分较低的情况，需要识别出原因，并明确改进方向。

3. 制订 ESG 改进计划

通常而言，企业不仅要关注自己过去的 ESG 成绩和结果，更需要知道未来改进的方向。通过反馈与沟通，上下级共同分析，找出有待改进的方面，共同制订 ESG 工作的改进计划。ESG 改进计划是指导改进实施的标准，要有可操作性，其制订原则可参考 "SMART" 原则，即做到具体的、可衡量的、可达到的、现实的和有时限的。

4. 协商下一管理周期的评价计划与标准

企业的 ESG 考核是一个往复循环的过程，一个周期的结束恰好是下一个周期的开始。因此，上一个周期的反馈要与下一个周期的计划一起进行。ESG 考核人员与被考核人员可以就下一个周期的 ESG 目标进行协商，并明确下一个周期的计划和目标。这样做可以让被考核者清楚自己要完成的 ESG 任务有哪些，也有助于考核人员在考核周期结束时对 ESG 相关工作进行评估。

✉ **案例 7-5**

蒙牛乳业的 ESG 考核与激励

蒙牛致力于建立完善的 ESG 薪酬管理体系与多元激励机制。对于管理层，公司结合业务特点及可持续发展目标，在管理层年度绩效合同纳入 ESG KPI，并根据高管在各项 ESG 事宜的相关职责制定差异化 ESG 考核权重，激励管理层推动公司可持续发展。对于员工，公司秉持以价值为导向的薪酬管理原则，搭建薪酬福利体系，为员工提供有竞争力的薪酬水平。持续优化激励政策，以物质与精神激励双向驱动，对员工采取差异化激励方式。激励机制以绩效为重要导向，通过当期激励、长期激励、创新激励及精神激励等不同方式的高效组合，激励员工不断提升自我、努力实现公司的可持续发展目标。

7.5 开展 ESG 培训

近年来，各国政府、监管部门、机构投资者和学术界都在呼吁企业加强 ESG 管理，企业也越来越注重长期价值与可持续发展理念，但普遍存在着需要强化 ESG 相关能力建设的突出问题。根据国务院国资委发布的《中央企业上市公司 ESG 蓝皮书（2021）》披露，超过七成的央企上市公司开展 ESG 工作时会遇到相关问题，包括缺乏 ESG 专业人才，尚未掌握编制 ESG 报告工具，缺乏统一的 ESG 披露标准准则，缺乏本土化 ESG 信息披露指标，对 ESG 理念的认知与重视程度不足等。因此，开展 ESG 培训是企业 ESG 战略实践过程的重要环节。

ESG 培训是企业一项非常重要的常规性工作。概括来说，ESG 培训有以下作用：第一，有助于提升管理人员及员工在企业社会责任方面的专业认知；第二，有助于理解企业社会责任的风险和挑战；第三，有助于更好地落实 ESG 相关政策法规与标准；第四，有助于提高 ESG 体系构建以及 ESG 报告撰写的能力；第五，有助于企业和员工提升 ESG 管理水平，成为行业思想领袖。因此，能否做好培训管理，改善培训效果，直接影响企业 ESG 实施效果。

7.5.1 ESG 培训的对象及目标

按照层级和扮演角色的不同，可以将企业 ESG 培训对象划分为三类：决策及管理者、ESG 部门经理和员工。

（1）决策及管理者。对企业决策及管理者进行培训是为了帮助决策及管理者更好地了解行业趋势、国家政策，从而能够制定出正确的 ESG 战略决策。同时，也能更好地引导企业内各层级、各部门进行 ESG 战略实施工作。例如，蒙牛集团为提升公司高层对可持续发展工作的认识，与第三方专业机构一起，为董事和高级管理人员举办了 ESG 主题培训，内容涉及 ESG 监管、ESG 投资和气候变化等领域的最新动态和实践。

（2）ESG 部门经理。对企业 ESG 部门经理进行培训是为了帮助他们更好地了解 ESG 相关内容，从而更好地执行上级管理者的决策并对下级的 ESG 工作进行组织、指导和监督。

（3）员工。对员工开展 ESG 培训一方面可以让员工更好地理解 ESG 理念以及公司实施 ESG 战略的原因，另一方面也有助于员工了解和掌握 ESG 相关工作所需要的知识和技能，从而更好地开展相应的工作。

7.5.2　ESG 培训的方式

ESG 培训的方式包括日常培训、访谈与调研、参加会议以及入职培训等，其中日常培训是最主要的培训方式。

（1）日常培训。企业的日常培训可以采用讲座、企业公开课、网络教育等多种方式。讲座可以由企业内部人员或外聘人员来开展。企业公开课是指邀请外部的 ESG 研究学者、专家、培训师通过课堂面授的形式，系统地向学员传授知识、教授经验。培训场地可选用会场、教室等。培训时要保留适当的答疑和沟通环节。

网络教育使企业的 ESG 培训突破了课堂教学的地域限制，改变了传统教育在课堂里教与学的模式。网络教育可以随时随地开展。企业可以降低员工参加脱产培训带来的成本，减少了业余培训给员工带来的负担。员工在工作中遇到生疏棘手的问题可以即时连入网络培训系统进行学习，得到专家的诊断和帮助，或与同行专业人士进行探讨交流。员工可以通过企业制定的 ESG 培训方案，根据自己的特长和喜好制定学习内容和学习进度，以往单调枯燥的教材可以转化为生动的演示内容，从而增加了员工参加 ESG 培训的积极性。例如，第一创业进行了全方位的 ESG 宣传培训。监事会主席主持了多场公司范围内的 ESG 专题培训，与公司高层和员工们分享自己的访学见闻和对美国资产管理行业的考察心得，并介绍了 ESG 投资的原理及在欧美市场的实践情况、案例等。在各种场合下对公司员工、特别是总监以上的管理人员进行 ESG 理念培训宣讲，让第一创业全体员工能够系统地了解 ESG 的由来、理念、发展过程、发展趋势以及与第一创业发展的关系等。通过培训，ESG 理念获得了全体员工的高度认同。此外，蒙牛集团为增强公司员工的可持续发展意识，将《可持续发展》课程视频上传至公司官网，供广大员工在线学习。

（2）访谈与调研。访谈调研是指企业成员通过有计划地与 ESG 实践效果优异的企业进行交流，主动了解 ESG 实践情况。访谈的过程实际上是访谈者与被访者双方的互动过程。

（3）参加会议。企业成员可以通过参加 ESG 相关会议进行学习。ESG 相关会议包括各个机构组织的 ESG 论坛、ESG 峰会、ESG 优秀企业分享会、ESG 培训会等。

（4）入职培训。在入职培训中设计 ESG 相关内容，能够使员工更早了解 ESG 的相关理念以及公司的 ESG 战略目标，同时也能在后续工作中更好地将 ESG 目标融入日常工作。

7.5.3 ESG 培训的内容

ESG 培训的内容较为广泛，包括 ESG 体系构架、报告框架、国家相关的政策法规、国际评级、经验分享等。

结合 ESG 的实践现状，可以将 ESG 培训划分为七个模块：ESG 概况、ESG 相关政策与标准、ESG 制度和管理体系的构建、ESG 报告、国际 ESG 评级、ESG 议题培训以及行业领军企业 ESG 经验分享（见表 7-2）。

表 7-2 ESG 培训内容

模块	培训主题	具体内容
模块一	ESG 概况	ESG 的起源与发展 ESG 对企业和社会的价值 结合国际标准解读 ESG 的实质性与利益相关者参与

（续）

模块	培训主题	具体内容
模块二	ESG 相关政策与标准	中国 ESG 政策法规 国际 ESG 标准、披露框架 ISSB 准则（草案）解读
模块三	ESG 制度和管理体系的构建	责任机构设立 实施机构设立和分工 构建监督和决策体系 明确汇报路径
模块四	ESG 报告	报告准备阶段 报告撰写工作 报告发布工作
模块五	国际 ESG 评级	国际主流 ESG 评级举例与简析
模块六	ESG 议题培训	企业环境议题 企业社会议题 公司治理议题
模块七	行业领军企业 ESG 经验分享	ESG 助力上市公司可持续发展

　　首先，通过讲解 ESG 概况以及 ESG 相关政策与标准，使培训对象对 ESG 的起源和发展情况、ESG 价值以及国内外 ESG 相关的法规政策有所了解，也有利于提升企业的 ESG 合规意识。其次，通过介绍 ESG 制度和管理体系的构建，帮助企业了解 ESG 实施过程中涉及的各个环节及相关的工作，为企业开展 ESG 实践提供借鉴。再次，通过深入分析 ESG 报告框架和披露要求，以及对国际 ESG 评级机构进行梳理，帮助企业提高 ESG 信息披露质量，提升 ESG 评级水平。同时，企业开展 ESG 议题的培训必不可少，要结合企业所处的行业及特点，对企业 ESG 实施中涉及的环境、社会和公司治理的各项具体议题展开介绍，有利于企业明确 ESG 实施内容及重点，有助于企业达到较好的实施效果。最后，通过行业领军企业的 ESG 经验分享，有利于企业吸取成功经验，避免走弯路，更有效地开展 ESG 实践。

在以上培训内容中，对国际 ESG 评级的了解有助于企业从全球视角更好地理解企业实施 ESG 的作用。通常，评级机构可以为市场提供多种产品与服务，为 ESG 投资提供参考，并推动 ESG 信息披露。伴随着 ESG 在全球的兴起，各评级机构设计出了多个系统性的 ESG 评估体系。当前全球 ESG 评级机构数量较多，既有专业的评级公司，也包括一些非营利团体。其中明晟（MSCI）、彭博（Bloomberg）、汤森路透（Thomson Reuters）、富时罗素（FTSE Russell）、道琼斯（DJSI）、恒生（HSSUS）及碳信息披露项目（CDP）等具有较大的影响力。企业应积极关注这些评级机构的最新动态，同时也可以主动联系相关评级机构，开展沟通，从而更好地明确企业 ESG 实施的方向、内容、重点以及披露机制等。

第 8 章　企业 ESG 信息披露

ESG 信息披露是指企业将其在环境、社会和治理方面所面临的风险、机会和责任等信息向公众进行公开披露。作为外界观察企业 ESG 行为的"直接窗口"，ESG 信息披露备受瞩目（郑建明和许晨曦，2018）。对于企业而言，通过积极披露 ESG 信息，可以增强企业的社会责任感，提高企业的声誉和形象，同时也可以吸引更多的投资者和消费者。ESG 信息披露还可以促进企业加强内部管理，优化资源配置，降低环境风险，提高企业的可持续发展能力。

8.1　企业 ESG 披露动因

随着可持续发展理念的进一步深入以及相关法律法规的逐渐完善，ESG 已经成为企业关注的重点，越来越多的企业开始披露 ESG 相关信息。概括而言，对于企业披露 ESG 的动因，可以分为外部动因和内部动因两个方面。

8.1.1　外部动因

近年来，ESG 理念逐渐在国际社会形成普遍共识，国内外政府、监管机构等出台了不少 ESG 方面的政策文件。经过近 20 年来的不断探索，中国对上市公司包括 ESG 信息在内的非财务信息的披露制度日渐完善。特别是随着"双碳"目标的提出，政策层面关于 ESG 信息披露的要求呈现出"小步疾行"的特点，既积极又稳妥。政府、监管机构、交易所等各方也加大力推动 ESG 发展，在非财务信息披露要求中逐渐加强了对企业在环境、社会和公司治理方面表现的重视，强化对上市公司 ESG 信息披露的监管，与国际上日渐盛行的 ESG 浪潮颇为契合。以下是 2020—2022 年我国在 ESG 信息披露领域的主要政策及内容（见表 8-1）。

表 8-1　2020—2022 年国内主要 ESG 政策制定情况

发布机构	发布时间	文件名称	主要内容
深圳证券交易所	2020.9.14	《上市公司信息披露工作考核办法》	正式将上市公司是否披露 ESG 信息的执行情况纳入考核范围
上海证券交易所	2020.12.31	《上交所科创板股票上市规则》	要求科创板上市公司应当在年度报告中披露履行社会责任的情况，并视情况编制和披露社会责任报告、可持续发展报告、环境责任报告等文件
中国证监会	2021.6.28	《公开发行证券的公司信息披露内容与格式准则第 2 号——年度报告的内容与格式（2021 年修订）》	将"公司治理"整理为独立章节，体系化地要求公司披露 ESG 信息，鼓励公司主动披露积极履行环境保护、社会责任的工作情况
深圳证券交易所	2022.1.7	《深圳证券交易所上市公司自律监管指引第 1 号——主板上市公司规范运作》	要求"上市公司应当积极履行社会责任，定期评估公司社会责任的履行情况，'深证 100'样本公司应当在年度报告披露的同时披露公司履行社会责任的报告"，并给出社会责任报告的内容范围和在社会责任报告中披露的环境信息
上海证券交易所	2022.1.19	《关于做好科创板上市公司 2021 年年度报告披露工作的通知》	科创板公司应当在年度报告中披露 ESG 相关信息，科创 50 指数成分公司应当在本次年报披露的同时披露社会责任报告或 ESG 报告。还特别强调应当重点披露助力"双碳"目标、促进可持续发展的行动情况

（续）

发布机构	发布时间	文件名称	主要内容
上海证券交易所	2022.3.1	《"十四五"期间碳达峰碳中和行动方案》	提出优化股权融资服务，强化上市公司环境信息披露，推动企业低碳发展，针对 ESG 提出要在行动期末达成"上市公司环境责任意识得到提高，ESG 信息披露形成规范体系"的目标
国务院国资委	2022.3.16	国务院国资委成立科技创新局社会责任局	社会责任局指导推动企业积极践行 ESG 理念，主动适应、引领国际规则标准制定，更好推动可持续发展
中国证监会	2022.4.15	《上市公司投资者关系管理工作指引（2022）》	在投资者关系管理的沟通内容中首次纳入"公司的环境、社会和治理信息（ESG）"，这有利于加快国内上市公司规范化信息披露的发展进程
国务院国资委	2022.5.27	《提高央企控股上市公司质量工作方案》	提出推动央企控股上市公司 ESG 专业治理能力风险管理能力不断提高；推动更多央企控股上市公司披露 ESG 专项报告，力争到 2023 年相关专项报告披露"全覆盖"

欧美国家在 ESG 领域的实践经验较长，其在 ESG 领域的政策实践对全球 ESG 发展具有较强的影响，以下是国外在 ESG 信息披露领域的主要政策及内容（见表 8-2）。

表 8-2　国外主要 ESG 政策制定情况

发布机构	发布时间	文件名称	主要内容
美国证监会	2010.2.8	《委员会关于气候变化相关信息披露的指导意见》	明确公司披露与气候变化相关的信息，包括与气候变化相关的立法法规、条约或国际协议、监管或商业趋势（政策、技术、政治和科学发展）、物理因素（洪水、飓风、海平面上升）等对其业务发展的机遇与风险影响

（续）

发布机构	发布时间	文件名称	主要内容
欧洲议会和理事会	2014.10.22	《非财务报告指令》	首次将ESG纳入法规的法律文件，要求大型企业对外披露非财务信息，披露内容要覆盖ESG议题，明确了环境议题的强制披露内容，对社会和公司治理议题仅提供了参考披露范围
美国加利福尼亚州参议院	2015.10.8	《第185号参议院法案》	要求美国两大退休基金，即加州公务员退休基金和加州教师退休基金的投资向清洁、无污染能源过渡
美国劳工部	2015.10.26	《解释公告IB 2015-01》	鼓励投资决策中采用ESG整合策略
欧洲议会和理事会	2017.5.17	《股东权指令》修订	要求资产管理公司将股东参与公司ESG相关议题纳入投资决策。薪酬政策需设定全面多样的标准包括财务和非财务标准
纳斯达克	2019.5	《ESG报告指南2.0》	为在纳斯达克上市的公司和证券发行人提供ESG报告编制指引，上市公司自愿参与
美国众议院金融服务委员	2020.1.7	《2019ESG信息披露简化法案》	强制要求符合条件的证券发行人在向股东和监管机构提供的书面材料中明确阐述界定清晰的ESG指标，以及ESG指标和长期业务战略的联系
欧洲证券和市场管理局	2020.2	《可持续金融战略》	主要优先事项包括信息透明度、绿色债券的风险分析、ESG投资、ESG因素的国家监管融合与实践等内容
欧洲议会和理事会	2021.4.21	《公司可持续发展报告指令》（CSRD）征求意见稿	将可持续发展报告的披露主体扩大到欧盟的所有大型企业和监管市场的上市公司（上市的微型企业除外），对企业披露的ESG信息提出具体和标准化规定，要求采用欧盟可持续发展报告标准（ESRS）对报告的信息进行审计（鉴证），并在企业管理报告中进行披露

（续）

发布机构	发布时间	文件名称	主要内容
美国证监会	2022.3.21	《加强和规范服务投资者的气候相关披露》	要求企业在其注册声明和定期报告中基于 TCFD 框架披露与气候相关信息
新加坡金融管理局	2022.7.28	CFC《零售 ESG 基金披露及报告指引》	根据新规定，ESG 基金将需要提供包括其投资策略、选择投资的标准以及与该策略相关的风险和限制等信息。此外，ESG 基金的资产净值中应至少有 2/3 属于可持续性投资
新加坡交易所新加坡金融管理局	2022.9.12	联合推出数据平台 SGX ESGenome	ESGenome 利用一套结合了全球标准和框架的核心指标，简化上市公司披露环境、社会和治理（ESG）数据的流程。新平台目前免费供上市公司使用

从披露内容看，欧盟在 ESG 实践早期以公司治理为切入点，逐步扩展到要求企业披露非财务信息，强调环境议题的重要性，并最终扩大范围至 ESG 三个议题全覆盖。从政策要求看，欧盟逐步完善了披露政策的操作细节，统一了 ESG 信息披露标准，对企业提出了更高的披露要求，对于提升欧盟境内企业 ESG 信息披露水平有着重要作用。

国内外的政策形式都表明，披露政策的强制压力要求企业披露更多、更全面的 ESG 相关信息。在政策和监管的持续推动下，A 股上市公司 ESG 信息披露水平逐年提升，主动进行 ESG 信息披露的上市公司数量和比例也逐年增加。当市场中公司的竞争者关注市场导向进行 ESG 信息披露时，公司也会相应进行 ESG 信息披露，以获得投资者的青睐。

根据商道咨询统计数据显示，截至 2022 年 7 月 20 日，共有 1429 家 A 股上市公司发布 2021 年 ESG 报告，855 家为沪市上市公司，574 家为深市上市公司，较 2021 年增长 337 家，发布报告的公司数量占全部 A 股上市公司数量的 29.6%，其中有 855 家沪市上市公司（占沪市上市公司的 40.9%），

574 家深市上市公司（占深市上市公司的 21.8%）（见表 8-3）[⊖]。在已发布
ESG 报告的 1429 家上市公司里，有 1102 份报告以"社会责任"命名，占比
77.1%；共有 188 家公司发布以 ESG（环境、社会和治理）命名的报告，占
发布总数的 13.2%。此外，可持续发展报告和关键词组合命名的报告分别占
比 4.8%、4.9%。部分 ESG 报告的名称以"ESG""社会责任"或"可持续
发展"等关键词组合的形式命名，如"社会责任暨 ESG 报告""环境、社会
及治理（ESG）暨社会责任报告""可持续发展报告暨环境、社会与公司治
理报告"等。

表 8-3　上市公司 ESG 信息披露数量情况

上市公司所属板块	企业数量	ESG信息披露数量	百分比
上海证券交易所	2091	855	40.90%
深圳证券交易所	2636	574	21.80%
沪深 300 指数成分股	300	260	86.70%

数据来源：商道咨询团队统计。

随着国家双碳目标的提出，政府、监管机构、交易所等各方将会加大力
度推动 ESG 发展，强化对上市公司 ESG 信息披露的监管，促使企业更为主
动地进行 ESG 披露。

8.1.2　内部动因

虽然 ESG 信息披露会增加企业的成本和工作量，而且各项披露指标的
选取和采集工作专业性强，也需要配备专业人士或外聘顾问等，但是从长远
角度看，做好 ESG 信息披露工作能为企业带来难以估量的无形价值。

1. 提高企业 ESG 评级等级

ESG 评级是将环境、社会和公司治理三个方面作为主要考量因素进行投

⊖ 商道纵横 . A 股上市公司 2021 年度 ESG 信息披露统计研究报告［EB/OL］.（2022-09-01）.
http://www.syntao.com/newsinfo/4456348.html.

资评估的评级方式。企业根据相应的 ESG 评级标准进行信息披露，各个评级机构则通过多方渠道收集企业 ESG 的相关信息，设计评估指标对所得信息进行全面考察，并进行最终的打分和评级。

ESG 评级使得企业间水平具备了可比性。评级结果对于被评级企业而言十分重要，评级机构会给予高评级公司以特殊地位，例如，ISS 就会授予"实现了颇具雄心的绝对绩效要求"的公司以"卓越"身份。这些结果都会显示在信息传播设备上，在媒体或其他机构组织编制"最佳"或"最可持续"公司名单时被用作参考。投资者也可以通过观测企业的 ESG 绩效，评估其投资行为和企业（投资对象）在促进经济可持续发展、履行社会责任等方面的贡献。

一般而言，ESG 评级越高的公司在资源利用、人才发展、公司治理等方面更具优势，这些优势为公司带来更高的竞争力，能够帮助公司获得更大的市场份额和更多的利润，使其具备更高的盈利能力。因此，随着 ESG 评级信息的出现，众多企业为了提高 ESG 评级等级，会积极披露其在 ESG 方面的具体实践情况。

2. 提升企业价值

根据利益相关者理论，当企业重视利益相关者诉求，满足社会需求时，将获得竞争优势，产生更高的企业价值（Qureshi et al.，2020）。做好 ESG 信息披露工作，不仅是为了满足监管部门的要求，更是为了建立企业与内外部利益相关者之间的长期信任和稳固关系，提高企业竞争力。

从内部利益相关者来看，企业披露 ESG 信息是企业改善工作环境的详细反映，有助于形成稳定协调的股权结构，董事会、监事会和管理层高效协同运作，吸引更多有能力的员工，并在公司内部建立起长期的信任，员工上下团结一致，最终明显提升公司的经营效率和治理水平。

从外部利益相关者的角度来看，ESG 信息披露可以作为一种印象管理工具，有利于巩固社会、股东、客户等的凝聚力，达成战略合作。同时，也有利于提升客户满意度，彰显企业的社会责任感形象，塑造良好的品牌美誉度和社会认同，有利于企业长期可持续的健康发展。另外，ESG信息披露作为非财务数据披露的重要形式，能够有效降低信息不对称，提高企业的信息透明度，企业通过ESG等活动做出的长期努力能够更好地被投资者和债权人所感知，对企业价值产生积极影响（Raimo et al.，2021）。

3. 降低企业资本成本

ESG信息披露可以降低企业的资本成本，包括债务资本成本和权益资本成本，缓解企业的融资约束，提升企业的股息支付水平（黄珺等，2023）。

首先，更高的ESG信息透明度有助于降低企业的债务资本成本。一方面，企业的ESG信息可以作为财务信息的补充，降低企业与贷款人之间的信息不对称程度，贷款人面临的违约风险下降，所要求的利率因此降低。另一方面，出于声誉考量，贷款人更愿意将资金借给具有良好环境和社会表现的企业，ESG信息披露作为一种信号，将建立企业在债权人中更好的形象和外部声誉，进而降低企业所面临的债务资本成本（Feng and Wu，2023）。其次，ESG信息披露更完善的企业，信息不对称程度较低，有利于企业吸引更多长期投资者，使权益资本成本降低。当上市公司进行外部再融资时，常常需要展示其自身的优点和特点来吸引投资者的注意。而企业在ESG方面的信息披露可以成为其中一个宣传点，来吸引偏好绿色、环保、社会责任等ESG相关领域的投资者，从而获得融资资金。最后，企业ESG信息披露有利于股息支付的提升。一方面，ESG信息透明度更高的企业，其面临的资本成本较低，进行股息支付的资金更加充足。另一方面，ESG信息披露可以发挥声誉效应，提升企业的财务业绩（Saygili et al.，2022），从而拥有更高的股息支付水平。

4. 降低企业风险

ESG信息披露有助于降低企业风险，包括违约风险、企业特殊风险、股价崩盘风险、财务违规风险等。

首先，ESG 信息披露较为完备的企业，通常违约风险较低（Atif and Ali，2021）。一方面，ESG 信息披露有助于企业树立品牌形象，提升客户满意度和忠诚度，确保企业经营业绩和现金流的稳定性。另一方面，ESG 信息披露降低了企业的信息不对称和代理成本，减少了来自外部的争议和监管，更易获得外部融资，最终体现为违约风险下降。其次，ESG 信息披露可以控制企业特殊风险。以 IPO（首次上市）为研究情境，Reber et al.（2022）发现 ESG 信息披露有助于降低上市后企业与投资者的信息不对称、建立声誉资本，使得企业面临的特质风险下降。而 Di Tommaso and Thornton（2020）提出，在欧洲银行中，ESG 信息披露可以建立客户忠诚度、降低治理失败的合规成本，从而遏制企业风险。再次，ESG 信息披露通过发挥"信号效应"和"情绪效应"，增强了企业信息透明度，使得企业的股价更加真实、投资者情绪更加平缓，从而降低股价崩盘风险（席龙胜和王岩，2022）。最后，ESG 信息披露通过缓解信息不对称，可以更好发挥内外部监管作用，抑制企业的财务违规风险。

8.2　企业 ESG 披露原则与标准

国际 ESG 披露框架自 20 世纪 90 年代开始构建。目前，全球范围内已有几百个 ESG 信息披露标准，发布者以政府为主，此外还包括金融和监管部门、交易所、国际组织和第三方评级机构。联合国体系及其支持下成立的国际组织所制定的 ESG 披露框架和相关标准，为各国政府出台相关政策提供了重要的原则指南。目前，国际主要 ESG 信息披露框架有全球报告倡议组织（GRI）、国际标准化组织（ISO）、气候相关财务信息披露工作小组（TCFD）、可持续会计准则（SASB）以及环境与气候变化披露框架（CDSB）等。2022 年 4 月，首都经济贸易大学中国 ESG 研究院牵头起草了《企业 ESG 披露指南》，该指南完成了企业 ESG 披露标准"1+N"体系的构建，为推动建立与国际接轨、适合国情的《企业 ESG 披露指南》等系列标准、助力我国经济社会全面绿色转型和高质量发展做出了积极贡献。

8.2.1　企业 ESG 披露原则

企业根据披露标准以及有关规范的规定披露 ESG 信息时，应遵循如下原则，以保证披露信息的质量，满足信息使用者的需求。

1. 实质性原则

实质性通常是指企业披露的信息能对企业、利益相关方的决策和价值创造能力产生重要影响。因此，企业在披露 ESG 信息时，内容应尽可能全面覆盖对利益相关者有价值的信息，内容设置应重点突出、详略得当，并说明报告应用情境和方法，为董事、高管、员工、政府和监管机构、公众和消费者、投资者、供应商等企业内外部利益相关者提供使用指导。

2. 真实性原则

企业应以客观事实或具有事实基础的判断和意见为依据进行披露，不应有虚假、不实陈述或隐瞒重要事实，而应如实反映企业客观情况。也就是说，ESG 报告中所披露的信息是对实际状况和事实的客观描述，未带任何偏见或主观臆断，避免人为加工或臆造。例如，不故意淡化消极影响或夸大积极影响，不捏造数据或事实等，ESG 报告的信息来源宜真实、可靠，信息收集和处理方法宜科学、合理，信息应与实际状况和事实完全相符，或者是基于实际状况和事实，经严密的科学推断而得到的结论。同时，企业应对数据来源和计算方法等在报告中进行标识和说明，以保障信息的客观真实。

3. 准确性原则

企业应以利益相关方的判断能力作为准确理解披露信息的标准，应使用简明清晰、通俗易懂的语言，内容不应含有误导性陈述。准确性原则要求企业 ESG 报告中应考虑利益相关方的文化、社会、教育和经济背景差异，尽可能采用大众化语言（包括文字、图像、表格等）进行阐述。当须使用专业术语或缩略语时，可在出现之处加脚注或尾注进行解释说明，或在尾页集中单设"术语解释或索引"。另外，ESG报告宜尽可能减少或消除其他无关信息，以避免对所提供必要信息的淹没或干扰。

4. 完整性原则

企业应披露对利益相关方做出价值判断和决策有重大影响的所有信息。信息内容应完整、全面具体、格式规范，不应有重大遗漏。具体来说，企业ESG报告应覆盖报告范围内企业的重要相关决策和活动，并全面、系统、完整地披露环境、社会及治理目标，将ESG融入企业的实践及其绩效信息。尽管有时企业对环境和社会的影响很难完整确定，尤其是潜在影响和间接影响更难全面、客观和准确判断，其环境、社会和治理目标也可能随内外部环境变动而变化，但企业ESG报告仍宜尽可能全面反映企业决策和活动给利益相关方带来（或可能带来）的所有积极和消极影响，并尽可能完整披露ESG目标。

5. 一致性原则

由于企业在披露最新时段ESG信息的同时，也会对照列出企业以往报告时段的相应绩效信息以及本行业或类似企业相应的绩效信息，以便进行自身纵向比较和同业横向比较。因此，企业应使用一致的披露统计方法，使披露的环境、社会及治理信息能为利益相关方进行有意义的比较。同时，企业应在ESG报告中披露统计方法的变更（如有）或任何其他影响比较的相关因素。

8.2.2　企业 ESG 披露标准

目前，全球存在多个ESG披露标准。比较有影响力的有如下几个标准。

（1）GRI标准。全球报告倡议组织（GRI）是由美国的一个非政府组织"对环境负责的经济体联盟"和联合国环境规划署共同发起的，秘书处设在荷兰的阿姆斯特丹的非营利性组织。该组织所颁布的GRI标准是当前全球应用最为广泛的可持续发展报告框架。其准则体系包含三项通用准则（"GRI 101 基础""GRI 102 一般披露"与"GRI 103 实质性议题"）和具体议题准则（"GRI 200 经济议题披露""GRI 300 环境议题披露"与"GRI 400 社会议题披露"等议题标准）。范围共涵盖 33 个细分议题，每个细分议题又包括 30~50 个指标，且处于持续更新之中，为企业报告其经营活动产生的经济影响、环境影响和社会影响提供了参照（见图 8-1）。

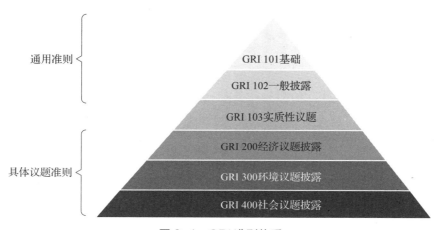

图 8-1　GRI 准则体系

GRI 标准最大的特征为模块化的结构。不同主题、不同行业可独立使用，也可组合成更加复杂和完整的 ESG 报告。GRI 给出的指标引导十分详细，可量化程度高。目前，GRI 已成为全球应用最广的可持续发展报告框架。联合国可持续证券交易所（SSE）倡议官网的最新数据显示，全球主流标准中 GRI 标准以 96% 的占比排在首位。

（2）ISO 26000 社会责任指南。ISO 26000 是国际标准化组织（ISO）起草制定的社会责任指南的技术编号，用社会责任（SR）代替企业社会责任（CSR）。社会责任的定义是整个 ISO 26000 中最为重要的定语，ISO 用 SR 代替 CSR，就使得以往只针对企业的指南扩展到适用于所有类型的组织，包括公有的、私有的，发达国家的、发展中国家的和转型国家的各种组织。但是不包含履行国家职能、行使立法、执行和司法权力，为实现公共利益而制定公共政策，或代表国家履行国际义务的政府组织。

ISO 26000 的总则中强调，ISO 26000 只是社会责任"指南"，不是管理体系，不能用于第三方认证，不能作为规定和合同而使用，从而和质量管理体系标准（ISO 9001）以及环境管理体系标准（ISO 14000）显著不同。任何提供认证或者声明取得认证都是对 ISO 26000 意图和目的的误读。因为 ISO 26000 并不"要求"组织做什么，所以任何认证都不能表明遵守了这一标准。

ISO 26000 标准共有七大项，分别是组织治理、人权、劳工实践、环境、公平运营实践、消费者、社区参与和发展。七大项下设有 37 个核心议题和 217 个细化指标，侧重于各种组织生产实践活动中的社会责任问题。指南的一个重要章节探讨社会责任融入组织的方法，并给出了具体的可操作性的建议，指南的附录一中也给出了自愿性的倡议和社会责任工具，从而使组织的社会责任意愿转变为行动。指南致力于促进组织的可持续发展以及社会责任领域的共识，同时补充其他社会责任相关的工具和先例，并非取代以前的成果。同时，ISO 26000 总则中指出，应用指南时明智的组织应该考虑社会、环境、法律、文化、政治及组织的多样性，同时在和国际规范保持一致的前提下，考虑不同经济环境的差异性。

（3）TCFD 四要素气候信息披露框架。该框架由气候变化相关财务信息披露工作组（TCFD）制定，该组织由 G20 金融稳定委员会发起成立，其制定的信息披露框架由治理、战略、风险管理、指标和目标四大核心要素组成，并针对所有行业制定了通用的具体建议披露事项（见表 8-4）。

表 8-4 TCFD 具体建议披露事项

核心要素	含义	行业通用的具体披露事项
治理	企业对气候相关风险和机遇的治理情况	描述董事会对气候相关风险与机会的监督情况
		描述管理团队在评估和管理气候相关风险与机会的角色

（续）

核心要素	含义	行业通用的具体披露事项
战略	气候相关风险和机遇对企业业务、战略和财务规划的实际和潜在影响（如果该信息是重要的）	描述组织面临的短、中、长期气候相关风险与机会
		描述气候相关风险和机遇对组织机构的业务、策略和财务规划的影响
		描述组织在策略上的韧性，并考虑不同气候相关的情境
风险管理	企业如何识别、评估和管理气候相关风险	描述组织面临的短、中、长期气候相关风险与机会
		描述气候相关风险和机遇对组织机构的业务、策略和财务规划的影响
		描述组织在策略上的韧性，并考虑不同气候相关的情境
指标和目标	用于评估和管理气候相关风险和机遇的相关指标和目标（如果该信息是重要的）	披露组织依靠策略和风险管理流程进行评估气候相关风险与机会所使用的指标
		披露范围1、范围2、范围3温室气体排放和相关风险
		描述组织在管理气候相关风险与机会所使用的目标以及落实该项目的表现

　　TCFD所设计的框架格外关注气候变化带来的财务影响，强调气候相关风险、机遇及其财务影响之间的相互关系。该指导性框架尤其受到一些大型金融机构的重视，这些金融机构近年来大力发展绿色金融，没有按照TCFD指引披露气候相关信息的企业将难以获得这些金融机构的信贷支持，因此TCFD指引得到了企业的广泛遵循。

　　综上所述，上市公司在披露环境相关信息时，可以从自身实际业务需求和特色出发，利用TCFD披露框架作为公司管理气候风险的工具。以"披露"促"行动"，审视不同气候情景下的气候相关风险和机遇，分析气候变化带来的实质性财务影响，从而更全面地管理风险，强化公司发展韧性和竞争力。

（4）CDSB环境与气候变化披露框架。环境与气候变化披露框架由气候信息披露标准委员会（Climate Disclosure Standards Board，CDSB）提出，与TCFD一样，CDSB也侧重于环境和气候变化的信息披露。CDSB要求企业在披露环境和气候变化信息时应遵循以下七个原则：相关性和重要性原则、如实披露原则、与主流报告相关联原则、一致性和可比性原则、清晰性和可理解性原则、可验证性原则、前瞻性原则。以这七个原则为基础，CDSB提出了环境与气候变化信息披露框架（见图8-2）。

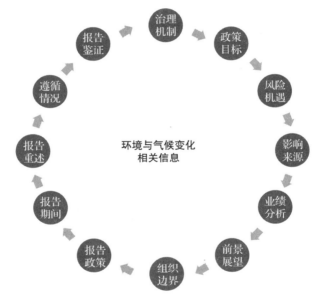

图 8-2　CDSB 环境与气候变化信息披露框架

CDSB框架要求公司深入分析气候变化对战略和运营的重大影响并披露公司的应对措施及其效果，旨在帮助企业解释环境问题如何影响业绩，并协助企业在报告中展示它们如何应对相关风险和机遇。CDSB的信息披露原则比较强，但也存在一定局限，例如可操作性不高，缺乏定性和定量相结合的指标体系等。但其可验证性原则和报告鉴证程序对规范企业信息披露，避免ESG报告沦为公关宣传有着积极的意义。

（5）可持续性会计准则（SASB准则）。可持续发展会计准则委员会基金会〔Sustainability Accounting Standards Board（SASB）Foundation〕是一家位于美国的非营利组织。该组织致力于制定一系列针对特定行业的 ESG（环境、社会和治理）披露指标，促进投资者与企业交流对财务表现有实质性影响且有助于决策的相关信息。

SASB 准则能够基本满足大多数投资者对企业在环境和社会责任方面的披露需求，并且能够体现企业之间经营业绩的横向对比情况和企业自身发展的纵向对比情况，具有较好的一般适用性。SASB 准则旨在帮助企业和投资者衡量、管理和报告可以产生价值并对财务绩效有实质性影响的可持续发展因素，更好地识别和沟通创造长期价值的机会。在传统行业分类系统的基础上，SASB 推出了一种新的行业分类方式。根据企业的业务类型、资源强度、可持续影响力和可持续创新潜力等将企业分为 77 个行业、涵盖 11 个部门。SASB 准则中所强调的可持续性主要是从企业角度出发，通过规范企业的行为和活动来提高企业长期创造价值的能力。SASB 准则的可持续性主题分为 5 个范畴，SASB 准则在这五个可持续性维度中识别出相关的可持续性主题（见表 8-5）。

表 8-5　SASB 五维度报告框架

主题	具体内容	
环境	二氧化碳排放 空气质量 能耗管理	水及废水管理 废物及危险物管理 生态影响
社会资本	社区关系 客户隐私 数据安全 可获取性和可承受性	产品质量和产品安全 客户利益 销售惯例和产品标识
人力资本	劳工政策 雇员健康和安全防护	雇员敬业度 雇员多样性与包容性
商业模式及其创新	产品生命周期管理 商业模式活力 供应链管理	材料采用与效率 气候变化影响

（续）

主题	具体内容	
领导力和治理力	商业伦理 竞争行为 法律和监管环境管理	关键意外风险管理 系统性风险管理

（6）企业 ESG 披露指南。2022 年 4 月，首都经济贸易大学中国 ESG 研究院牵头起草的我国首部企业 ESG 信息披露标准——《企业 ESG 披露指南》团体标准正式发布。《企业 ESG 披露指南》的制定与发布明确企业 ESG 披露原则与指标体系，规范披露要求与应用，适用于不同类型、不同行业、不同规模的企业。该指南可指导企业进行 ESG 治理实践和信息披露，也可作为企业自我评价和第三方评价的参考依据⊖。

企业 ESG 披露是企业关于环境、社会和治理的信息披露体系。《企业 ESG 披露指南》是为了不断适应市场的新变化，推动企业绿色低碳战略转型，引导企业高质量发展所建立的，指南认为 ESG 是企业可持续发展的核心框架，已成为企业非财务绩效的主流评价体系。

《企业 ESG 披露指南》以国家相关法律法规和标准为依据，结合我国国情，从环境、社会、治理三个维度构建企业 ESG 披露指标体系。该指南为企业开展 ESG 披露提供基础框架，促进企业实现经济价值与社会价值的统一。该指南包括 3 个一级指标，10 个二级指标，35 个三级指标，118 个四级指标（见表 8-6）。

在国内外众多主流披露标准中，GRI 标准是全球使用最为广泛的披露框架，在欧洲企业中尤其普遍。美国企业较多采用 SASB 准则进行一般性披露，并辅以 TCFD 标准进行气候相关问题披露。这些标准在指标体系、核心议题、侧重点、内容特点等方面各有不同（见表 8-7）。

⊖　每日经济新闻 . 企业 ESG 披露指南［EB/OL］.（2022-04-18）.https://baijiahao.baidu.com/s?id=1730454263864224175&wfr=spider&for=pc.

表 8-6　企业 ESG 信息披露指标

一级指标	二级指标	三级指标
环境	资源消耗	水资源、物料、能源、其他自然资源
	污染防治	废水、废气、固体废物、其他污染物
	气候变化	温室气体排放、减排管理
社会	员工权益	员工招聘与就业、员工保障、员工健康与安全、员工发展
	产品责任	生产规范、产品安全与质量、客户服务与权益
	供应链管理	供应商管理、供应链环节管理
	社会响应	社区关系管理、公民责任
治理	治理结构	股东（大）会、董事会、监事会、高级管理层、其他最高治理机构
	治理机制	合规管理、风险管理、监督管理、信息披露、高管激励、商业道德
	治理效能	战略与文化、创新发展、可持续发展

表 8-7　国内外主流 ESG 信息披露标准比较

项目	GRI标准	ISO 26000社会责任指南	SASB准则
成立时间	1997 年	2010 年	2011 年
发起组织	全球报告倡议组织（GRI）	国际标准化组织（ISO）	可持续发展会计准则委员会（SASB）
核心议题	经济、环境和人	组织治理、人权、劳工实践、环境、公平运营实践、消费者、社区参与和发展	环境、社会资本、人力资本、商业模式与创新、领导力与治理力
内容侧重点	可持续发展绩效表现	组织生产实践活动中的社会责任	能影响财务绩效的可持续发展问题
内容特点	模块化，指标广泛具体，便于评估、监控和披露业绩	关注环境、社会方面所采取的举措及取得的成果，多为定性描述	能够体现企业之间经营业绩的横向对比情况和企业自身发展的纵向对比情况，具有较好的一般适用性

（续）

项目	TCFD四要素气候信息披露框架	CDSB环境与气候变化披露框架	企业ESG披露指南
成立时间	2015 年	2007 年	2022 年
发起组织	金融稳定委员会（FSB）	气候信息披露标准委员会（CDSB）	中国 ESG 研究院
核心议题	治理、战略、风险管理、指标和目标	治理、战略、政策成果、风险管理	资源消耗、污染防治、气候变化、员工权益、产品责任、供应链管理、社会响应、治理结构、治理机制、治理效能
内容侧重点	气候变化对上市公司的财务影响	环境议题	环境、社会、公司治理议题
内容特点	关注气候变化带来的财务影响，强调气候相关风险、机遇及其财务影响间的相互关系	信息披露原则强、规范企业信息披露，但缺乏定性和定量相结合的指标体系	综合性指南，指标广泛具体，根据中国企业特点制定

8.3　企业 ESG 信息披露流程

企业在披露 ESG 相关信息时可以遵循以下披露流程：建立 ESG 披露工作小组，明确 ESG 披露标准，确定 ESG 实质性议题，选择 ESG 信息披露形式，收集 ESG 披露信息并核验，撰写 ESG 披露报告以及发布 ESG 报告。

8.3.1 建立 ESG 披露工作小组

ESG 涉及的议题众多。从环境范畴的气候变化、能源消耗、废弃物管理，到社会范畴的雇佣管理、产品责任、供应链管理、社区投资，再到董事会运作等公司治理事宜，几乎贯穿公司的各项管理内容。毫无疑问，只有各个部门共同合作，发挥各自专业优势，企业才能更全面、更准确地披露 ESG 信息。因此，建立职责明晰的工作小组是企业 ESG 信息披露流程中的重要环节。ESG 披露工作小组是公司内部任务分配、工作协同与资源调配的"指挥部"，可确保相关工作高效推进。

1. 人员配置

工作小组的成员应包括但不限于环境管理部门、安全生产部门、客户服务部门、产品质量部门、供应链管理部门、人力资源部门、董事会办公室以及重点业务部门的负责人或成员。同时，工作小组应同步建立联络机制，并在成员变更后及时更新联络方式。工作小组人员配置具有以下特点：

（1）高层参与。工作小组应包含至少一位熟悉公司整体运营的高级管理人员，一方面能够有针对性地协调其他部门的资源，获得各类支持；另一方面在一定程度上有决策权，以便监督和了解 ESG 报告编制的整体进展情况。

（2）部门协同。工作小组应选定一位人员作为整体报告编制工作的负责人，并明确各项议题管理的负责人，指定各部门日常沟通的对接人。

（3）外聘专家。在报告编制的某些环节，工作小组也可以引入外部利益相关者，获取其专业意见和支持。

2. 职权范围

工作小组应确定清晰的职权范围，其中包括：董事会所指派的权力；进行内部及外部重要性评核等不同工作的职权；执行各项工作的权力（例如执行董事会的策略及政策、编制环境、社会及治理报告、进行内外部重要性评估）；工作范畴以及发行人愿意提供的费用及资源等。

具体来说，ESG 工作小组作为职能小组，这个部门应当负责所有与 ESG 相关的各项工作的牵头，拟订公司内部各机构、各部门、各单位在 ESG 相关工作上的职责分工，并协调它们在相关工作中的关系；负责牵头编制公司 ESG 年度工作计划和公司的 ESG 报告；负责公司 ESG 的日常工作，收集和统计公司 ESG 的信息和数据，随时掌握公司各部门、各单位 ESG 方面的情况，并及时向公司 ESG 工作领导小组汇报；负责牵头草拟公司所属各单位、各部门有关 ESG 的考核指标，并牵头具体实施相关的考核工作；负责进行公司 ESG 方面的宣传和公共关系工作，牵头处置公司的 ESG 风险事件；执行董事会、ESG 委员会、公司 ESG 工作领导小组有关 ESG 工作的决策和指示，完成它们交办的与 ESG 有关的各项任务等。

8.3.2 明确 ESG 披露标准

8.2.2 节详细介绍了目前国际主流的六大 ESG 信息披露框架。企业应根据自身的实际情况确定最适合自己的披露标准。同时，企业为获得更好的 ESG 评级，有时会兼顾多个披露标准的要求。例如，中国移动在 2022 年同时披露了符合 GRI 的 ESG 披露项和对标 ISO 26000 的 ESG 披露项。

8.3.3 确定 ESG 实质性议题

在确定好披露 ESG 信息所依据的标准之后，企业还需要进行实质性议题的分析，更为精准地确定报告需要重点详细披露的 ESG 议题。实质性议题的选择目的在于厘清对于企业的可持续性发展而言，哪些为重要层面因素，哪些为非重要层面因素，而这些重要议题的选择对后续编排整个 ESG 报告的环境、社会及治理等部分提供了优先级顺序依据。本节总结了企业确定实质性议题的基本步骤（见图 8-3）。

图 8-3　企业确定实质性议题流程

1. 建立企业 ESG 议题库

ESG 议题库是选取实质性议题的基础。企业通常会参照 GRI、SASB、TCFD 等国际标准，结合企业自身战略，由管理层或 ESG 专门委员会初步选定与企业紧密相关的若干议题，建立起 ESG 议题库，为其后的利益相关方沟通、实证调研等环节打下基础。

2. 识别利益相关方

在该部分中，企业通常能够详尽列举参与评估的利益相关方名称，主要包括公司管理层、员工、客户、供应商、股东、监管机构、合作伙伴、媒体、社会等。有些企业则会进一步披露明晰且科学的利益相关方识别程序，依照利益关系群体对于公司的依赖程度、责任、关注度、影响力及多元观点，识别出参与实质性议题评估的利益相关方。

3. 确认利益相关方对议题的关注顺位

可采用电话讨论、调查问卷、实地访谈以及定期会晤等多种形式确定利益相关方对各 ESG 议题的关注程度，并对问卷回收数量、定期会晤频率等数据进行细致披露。

4. 制作议题实质性图表

综合企业管理层选定的议题以及利益相关方反馈的意见，由相关外部专家、公司内部专门委员会（例如可持续发展领导委员会）共同参与，最终确定在 ESG 报告中进行具体披露的实质性议题，并根据其实质性程度编制图表。该图表往往以两个维度作为其横纵坐标展开。其中，大部分企业会选择 "议题对利益相关方的重要性" 与 "议题对企业自身业务的重要性" 两个维度，企业须从 ESG 议题对业务的重要性（对业务收入 / 利润、品牌形象价值、核心业务能力的影响）和对各利益相关方（员工、政府和监管机构、供应商、合作伙伴、用户、公众等）的重要性入手，评估各项议题的优先级（见图8-4）。象限Ⅰ中的议题无论对于业务还是对于利益相关方均十分重要，因此需要特别重视；象限Ⅱ中的议题由于对于业务特别重要，需要持续投入；象限Ⅲ的议题对业务及利益相关方重要性相对低，可以选择以持续监控和保持合规为目标；象限Ⅳ中的议题则特别需要注重与利益相关方的沟通，回应利益相关方关切。

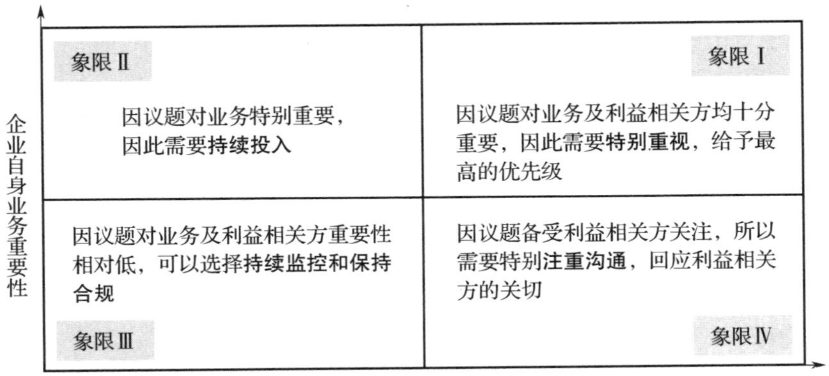

图8-4　议题实质性评估矩阵图

5. 不同行业的实质性议题选择

从ESG议题选择的整体情况来看，不同行业企业选取的议题具有一定共通性。例如知识产权保护、商业道德、用户体验等。共通性的原因可能在于，企业在选择实质性议题时，往往参照GRI、ISO 26000、SASB等国际标准作为搜集议题的基础，且各企业之间必然存在互相借鉴的情况。但除上述共性议题外，从各企业制作的议题实质性排列图标来看，实质性议题的选择仍具有较强的行业属性，即不同行业对ESG议题的关注侧重点亦会有所不同。例如互联网公司更关注数据安全、劳工权益等社会及治理范畴议题，而高新制造业企业则对水资源利用、废弃物管理等环境范畴议题非常重视。以下列出了部分行业高频核心实质性议题（见表8-8）。

表 8-8　部分行业高频核心实质性议题

行业类型	实质性议题	
金融服务行业	绿色金融 金融科技 金融风险管理 销售合规性 商业伦理建设	普惠金融 气候风险管理 客户隐私和数据安全 服务实体经济 管治建设
医药制造业	临床试验参与者的安全性 假药 营销道德 内部控制 中药资源保护利用	药品可及性 药品安全性 废物管理 专利研发 兽药生产管理
信息技术服务业	绿色数据中心 数据隐私 数据安全 知识产权保护	技术创新 健康保护 技术中断风险
教育行业	隐私保护 教育质量 营销与招聘 课业负担 教育帮扶	教学理念与模式 学生安全保障 教育规模 员工培训 绿色校园与办公环境
金属制品业	金属制品废料管理 金属制品绿色制造监管	金属制品环保 金属制品安全

除筛选识别 ESG 报告的实质性议题以外，确定 ESG 报告的实体披露范围也同样重要。虽然选择同年报一致的披露范围是一种理想的状态，但鉴于多数公司的 ESG 管理尚且处于初级阶段，这种一致性很难实现。目前 ESG 报告的披露范围选取要求同年报相比也较为自由。因此，上市公司可根据议题对不同业务 / 实体的影响程度做出合理的披露范围判断和说明，并注意以下要点：议题内容篇幅应与其重要程度保持一致；可根据议题对业务 / 实体的重要性，选取不同议题的披露范围，但须注明合理解释；议题重要性评估结果应作为下一阶段 ESG 工作优先次序选择的参考。

8.3.4 选择 ESG 信息披露形式

企业可根据自身的实际情况，选择不同的披露形式对外披露企业在 ESG 方面的表现。信息披露文件的形式包括但不限于：

1. 环境、社会与公司治理（ESG）报告

ESG 报告是针对特定组织一段时间内在可持续发展实践的基础上，对涉及环境、社会、治理各项 ESG 议题上的表现，是企业进行 ESG 信息披露、提供 ESG 数据的主要手段。从内容来看，ESG 报告按照先后顺序分为环境层面，社会层面，治理层面三个部分。根据目前国内沪港深三地交易所 ESG 信息披露的政策要求来看，企业在报告时要做到全面陈述这些层面的实践情况，解释报告范围以及确定这一范围的过程，还需要阐释企业对于汇报原则的应用方法，并且就每项"不遵守就解释"指标做出汇报。从资本市场的投资者角度出发，ESG 报告主要聚焦企业社会绩效与股东回报的关系，针对不同行业的企业提出不同的建议披露指标。

2. 企业社会责任（CSR）报告

CSR 报告指的是企业将其履行社会责任的理念、战略、方式方法，其经营活动对经济、环境、社会等领域造成的直接和间接影响、取得的成绩及不足等信息，进行系统的梳理和总结，并向利益相关方进行披露的方式。CSR 报告是企业非财务信息披露的重要载体，是企业与利益相关方沟通的重要桥梁。

广义的 CSR 报告包括以正式形式反映企业承担社会责任的某一个方面或某几个方面的所有报告类型，即包括了雇员报告、环境报告、环境健康安全报告、慈善报告等单项报告，以及囊括经济、环境、社会责任的综合性报告。CSR 报告侧重讲述企业所承担的社会责任，披露内容大多是定性问题。CSR 报告强调多利益相关方视角，关注的群体比较宽泛，应用场景比较宽泛，可能出现在企业的供应链管理、品牌营销、社区沟通、员工管理等领

域。CSR报告更适用于上市公司及对外提供数据、发布信息的企业。

3. 上市公司年报和半年报

年报的全称是公司年度财务报表。报告包括公司的经营状况，公司一年内的负债和收入。年报内容包括主营业务收入增长率、毛利、营业利润和净利润、资产负债表等。半年报是上市公司每个会计年度上半年的财务报表。包括描述公司经营状况的半年报，以及资产负债表、现金流量表、损益表等会计报表。企业可以选择在年报中的对企业在ESG方面的表现进行披露，但这就导致了披露信息的体量和披露内容的侧重点有所不同，适用于规模较小且没有成熟的ESG信息披露体系的上市公司。

4. 根据国家和地方相关法律规定或特定组织要求编制的专题报告

专题报告是指向上级反映本组织的某项工作、某个问题或某一方面的情况，要求上级对此有所了解的报告。例如，国务院国资委2022年发布《提高央企控股上市公司质量工作方案》，提出推动央企控股上市公司ESG专业治理能力风险管理能力不断提高，推动更多央企控股上市公司披露ESG专题报告，力争到2023年相关专题报告披露"全覆盖"。专题报告更适用于需要根据国家和地方相关法律规定或特定组织要求披露ESG相关信息的企业。

5. ESG数据表

ESG数据表是企业根据披露标准将其在ESG方面的各种表现量化为具体指标并以数据表的形式，发布在官方网站等公众平台。对比企业社会责任报告或ESG报告，ESG数据表涵盖范围较小，内容较少，展现出来的更多是定量指标。中小型企业受到自身发展的局限性，缺乏对ESG和可持续性发展理念的理解，且数据披露成本较高。因此，发布ESG数据表的披露形式更适用于中小型企业。

6. 声明或简报

声明是告启类文书的一种。它是就有关事项或问题向社会表明自己立场、态度的应用文体。简报是传递某方面信息的简短的内部小报，是具有汇报性、交流性和指导性特点的简短、灵活、快捷的书面形式。简报具有简、精、快、新、实、活和连续性等特点。声明或简报更适用于不披露 ESG 具体指标的中小型企业。

8.3.5 收集 ESG 披露信息并核验

确定好披露标准、实质性议题以及披露形式后，企业需要根据报告大纲收集相关披露信息并对信息进行核验，为后续编制 ESG 披露报告提供数据基础。由于 ESG 涉及企业日常运营管理的方方面面，因此收集披露信息的工作难度大大增加。例如，收集信息时因人为失误造成的数据不准确、数据获取耗时较长、数据访问难度大、数据不一致以及数据计算错误等。造成此种后果，一是由于企业内部使用的系统不一致，也不互通，导致各个系统里的数据无法打通使用；二是大多数企业把 ESG 当成了一个临时的、独立于其他部门而存在的工作。

信息收集主要通过对企业内部管理过程和业务流程进行梳理，与各个部门对接人沟通获得报告所需的资料和关键性指标。企业应当建立规范的 ESG 报告披露质量控制体系，设计、执行和维护与数据指标质量有关的内部控制，明确内部的数据指标审核责任与相关流程，并进行相关人员培训，以确保数据的完整性和准确性。收集到披露信息后，企业所设立的 ESG 工作小组要对信息进行核验，确保所提供信息的准确无误。整个过程具体包括 ESG 知识培训、收集具体披露信息、核验披露信息三部分。

1. ESG 知识培训

发布 ESG 报告、披露 ESG 信息需要企业内部相关部门的密切配合。但是，ESG 在我国起步较晚，很多企业对于 ESG 的认识不足，ESG 实践发展比较滞后。将 ESG 纳入发展战略和顶层设计的企业相对来说较少，缺乏相应的制度或部门来专门负责 ESG 信息披露，企业内人员对 ESG 的相关信息知之甚少。因此，企业开展 ESG 知识培训尤为重要。ESG 工作小组也可以根据需要开展 ESG 专题培训，帮助企业各个部门对接人理解 ESG 内涵以及 ESG 报告相关的信息需求。需要注意的是，ESG 知识培训应贯穿企业实施 ESG 的全过程，可以根据培训目标选定特定的培训人员开展培训，例如针对企业高层的 ESG 培训；针对新进员工的 ESG 培训，以及针对企业全员开展的 ESG 培训等。

2. 收集具体披露信息

收集具体披露信息包括两个方面。一是明确所需数据和目的。ESG 工作小组应围绕企业 ESG 实质性议题，与相关部门进行沟通座谈。例如有什么样的总体规划，制定了哪些制度或规定，采取了哪些具体举措，取得了哪些成绩或荣誉，有什么文件或资料留痕等。

二是定位数据来源。根据沟通情况，ESG 工作小组应向对应部门收集与 ESG 报告编写有关的素材资料（例如会议纪要、制度流程、各级指标、文件、总结报告等）。企业可以参考相应标准并结合自身特点确定具体披露信息。同时，需要注意不同行业所披露指标有所不同，可以根据行业特点选择合适的披露指标。

3. 核验披露信息

核验披露信息包括以下内容。一是整理数据。ESG 相关信息收集完成后，工作小组须查阅和整理各责任部门提交的资料，确保所有 ESG 工作都在一个中心系统里完成。用此系统收集数据、审计、跟踪和披露 ESG 实践，能够自动从其他系统和设备捕捉数据，有助于数据验证并在数据不合格时及时发出警报，确保数据的安全、准确。

二是分析数据。根据企业的文化特性、业务性质、实质性议题等，工作小组须评估数据的充分性及准确性，核验所获信息是否满足披露要求，针对欠缺资料再次与相应责任部门进行对接沟通，保证所获信息真实、准确、完整，没有虚假记载、误导性陈述。同时，企业还应注意 ESG 信息的可追溯性，保留过程性信息，确保所提供的信息准确无误。最后，将 ESG 报告框架 / 大纲中所收录的信息与各责任部门进行讨论并确认。

三是备份数据。企业须加强内部 ESG 相关信息和数据的存档规范，留存与 ESG 相关的会计账簿、支持文件以及其他必要的信息和证据，以满足可能的鉴证机构抽样审核要求。如果企业有计划对报告进行审验，应注意 ESG 信息的可追溯性，保留过程性信息。

8.3.6　撰写 ESG 披露报告

在收集披露信息环节结束以后，正式进入编制披露报告阶段。ESG 工作小组须根据 ESG 报告框架，将收集到的 ESG 信息进行展开与丰富化，形成 ESG 报告。对于企业而言，撰写 ESG 报告首先需要明确的是 ESG 报告的目标和受众。明确的目标将有助于确定报告内容的重点和范围，确保报告与企业战略和价值观保持一致，同时满足利益相关者的需求。

1. 搭建 ESG 报告框架

企业 ESG 报告一般包括封面、目录、报告说明、企业高管致辞、企业简介、企业 ESG 战略，ESG 环境、社会、治理等方面数据收集和信息分析，企业 ESG 绩效披露、ESG 重大议题推进情况、承诺及免责声明、附录等内容。

根据不同行业特征及企业的披露目标，不同企业的 ESG 报告内容重点会有所差异。以下列出了企业 ESG 报告中的共性内容。

（1）报告说明。报告说明部分包括报告的时间范围、组织范围、发布情况、编制依据及原则、数据说明等。

（2）企业高管致辞。企业高管致辞通常阐述了企业战略发展的理念、长期目标，过去一年在环境、社会、治理方面的实践成果，取得的 ESG 成绩以及未来发展方向等。

（3）董事会声明。董事会对上市公司的环境、社会、治理策略及汇报承担全部责任，上市企业需要在 ESG 报告中披露一份董事会声明，阐述董事会对于 ESG 事务的管理状况。具体内容包括三个方面：董事会对 ESG 事宜的监管；董事会对 ESG 事宜的管理手法及策略，包括评估、优次排列及管理重要的 ESG 相关事宜（包括对公司业务的风险）的过程；董事会如何按 ESG 相关目标检讨进度，并解释它们如何与公司业务关联。

（4）企业简介。这一部分主要介绍了企业的发展历程、资产情况、愿景使命、业务范围等内容，值得注意的是这一部分需要重点介绍企业在可持续发展方面的目标以及所做的努力和取得的成绩。

（5）企业的 ESG 相关实践。这部分是报告的重点内容，包括企业 ESG 战略、ESG 治理架构、ESG 实质性议题，企业在环境保护、社会责任和公司治理方面重要领域的关键措施和效果等。在编制 ESG 实践内容时，企业应重点考虑以下方面：

1）报告披露内容要体现行业特色；

2）报告披露内容要体现企业的竞争优势；

3）报告披露内容要与企业的战略发展目标呼应；

4）作为行业标杆，报告披露内容能对行业其他企业产生借鉴作用。

（6）关键绩效表。关键绩效表主要包括企业在报告年度的经济、环境、治理类业务绩效，通常以表格和数据的形式呈现。

（7）第三方鉴证报告。企业委托第三方鉴证机构对其 ESG 报告进行独立的第三方鉴证工作，最后由机构出具鉴证报告。

（8）指标索引。这一部分展示 ESG 工作小组在披露企业 ESG 信息过程中所对标的国内外披露标准。

（9）读者反馈表。为改进企业 ESG 工作，提高 ESG 能力和水平，在编制 ESG 报告时，很多企业最后会编制一张读者反馈表来收集读者对报告的整体评价以及改进建议，这也是企业建立的利益相关方意见反馈的渠道。

2. 丰富 ESG 报告信息

ESG 报告的核心是数据的收集和信息分析。企业应该收集涵盖环境、社会和治理方面的全面数据，包括但不限于能源消耗、碳排放、员工满意度、社区参与、董事会多样性等。需要对这些数据进行认真的分析，揭示企业的优势和改进空间，并为制定可持续发展策略提供依据。

同时，一份高质量的 ESG 报告在符合披露要求的同时，应采用清晰易懂以及简练准确的行文。通过图文并茂和准确的数据，以及案例佐证等方式，展现企业的 ESG 理念、ESG 风险管理以及 ESG 绩效等内容。借鉴信公咨询可持续发展部在撰写企业社会责任报告时的"四有两可"要求（见图 8-5），企业在撰写 ESG 报告时应关注以下几个内容。

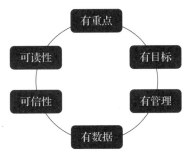

图 8-5　ESG 报告"四有两可"撰写要求

首先，企业在撰写报告时要注意报告内容要"有重点"，应当清晰明确地对利益相关方关切的实质性议题开展重点披露。其次，"有目标、有管理、有数据"是对报告的呈现逻辑做出了要求。在报告中，每个议题下应具体披露相应的管理目标、管理举措和数据成果。最后，"可读性"和"可信性"描述的是报告的外在表现，高质量报告应当至少做到报告易得、文字易读、图文并茂、内容可靠，且具有可比性和一致性。

3. 核验 ESG 报告内容

ESG 报告编写完成后，企业需要对 ESG 报告进行审核和验证，以确保报告的准确性和可靠性，提高报告的可信度。ESG 工作小组应将 ESG 报告的内容与各责任部门进行对应并拆分，将对应的内容交由相关部门进行复核确认，对复核确认后的 ESG 报告设计稿进行通篇核对后，交由公司领导最终审核确认（或提交董事会审议）。关于跨部门、跨年度的数据应该进行重点验证，以确保同一数据采用统一的披露口径。口径若有调整需要在报告中明确说明。

4.完善报告图文设计

同年报不同，ESG 报告并没有格式的统一规范要求。因此，ESG 报告在展现形式上有更多的可能性，精美的图文设计是提升 ESG 报告阅读性及信息传递效率的必要手段。ESG 工作小组在编制披露报告时，可以通过构思严谨、搭配合理、元素多样的图文设计，增强 ESG 报告的可读性。具体要求如下：

（1）图文设计思路应体现企业的可持续发展理念；

（2）报告应增加图片、图表、模型图等设计元素，保证整体的设计统一性，版面美观大方，彰显企业品牌形象；

（3）报告应多展示与 ESG 实践活动相关的现场素材，以及突出利益相关方态度的图片，增强报告感染力和说服力；

（4）ESG 报告应简洁明了，用词准确且通俗易懂，使相关利益方能够清晰地理解内容。

✉ **案例**

伊利集团可持续发展报告编制流程

伊利集团的 ESG 报告编制流程主要包括六个环节：收集素材、正文编制、报告设计、意见征集、报告翻译、审校定稿（见图 8-6）。

收集素材	正文编制	报告设计	意见征集	报告翻译	审校定稿
• WISH体系升级 • 开展对标研究 • 实质性议题分析 • 报告材料收集	• 细化报告大纲 • 撰写、修改、完善及审校	• 确定设计风格 • 组织报告设计 • 报告校对	• 征集内外部利益相关方对报告的意见	• 翻译报告 • 英文排版	• 定稿 • 发布

图 8-6　伊利集团可持续发展报告编制流程

企业在摸索中不断改进才能在激烈的竞争环境下持续成长。因此，企业须将 ESG 报告作为企业改进 ESG 管理的起点而非终点。在编制 ESG 报告的过程中，工作组也要对标标杆企业，分析企业自身在实现 ESG 实施过程中与标杆企业之间存在的差距，找出差距产生的原因。这个过程需要研究行业标杆企业 ESG 管理的方式方法，同时根据自身企业有关 ESG 的实践对比分析具有可操作性的案例，从而判断出在技术与管理方式方面是否存在学习和创新的可能。对标内容包括但不限于组织机构、生产工艺、制度构建与管理工具等。在此基础上，工作组需要区分出 ESG 的重要改善议题，并提供改进方案。过往报告体现的 ESG 评级中的弱项指标，以及在报告编制过程中发现的管理漏洞，都应成为本年度 ESG 工作关注的重点和改进方向。

8.3.7　发布 ESG 报告

ESG 报告是工作结果而不是最终目的。只有让利益相关方接收到报告所承载的 ESG 信息，ESG 报告才算完成"使命"。在新媒体时代，人们接受信息的渠道愈发多样化，公开发布 ESG 报告可以帮助企业与投资者、利益相关者和公众建立信任关系，提高企业的声誉和品牌价值。企业可根据受众偏好，制定个性化的 ESG 报告传播方案，实现利益相关方对企业可持续发展能力的认知，进而产生广泛的价值认同。

1. 发布时间

企业发布 ESG 报告应尽可能采取定期发布的方式，发布时间应满足监管部门（例如中国证券监督管理委员会、国家市场监督管理总局、生态环境部等）的要求和期望。为了持续保持和提高与利益相关方沟通的效果，鼓励企业提高 ESG 报告的发布频次，例如每半年或每季度发布一次。企业应每年至少发布一次结构完整、内容完备的年度 ESG 报告，重点呈现企业 ESG 实践及相关绩效指标。

2.发布途径

ESG 报告和信息的广泛传播是发挥 ESG 报告价值的核心工作。因此，企业应及时在公司官网刊载 ESG 报告，并设置可供查阅和下载的操作功能。同时，企业要兼顾定向推送与广泛发布的传播方式。企业可以通过法定的信息披露媒体对报告进行发布。例如，在业绩说明会、实地调研、路演等投资者关系活动中进行定向宣传，通过官方微博、官方微信公众号等多种渠道对 ESG 报告进行广泛传播。

8.4 企业 ESG 沟通

有效的 ESG 信息披露能够减少企业风险，为企业带来潜在的无形价值。同样，将企业的 ESG 成果进行宣传并加强与各方沟通也能强化企业在投资机构与其他目标受众中的声誉和认可度，最终创造长期的品牌价值和影响力。如今，越来越多的上市公司开始重视与各相关方就 ESG 实践进行沟通，本节重点介绍了企业与政府、公众、媒体、研究机构等各方开展的 ESG 方面的沟通。

8.4.1 与政府沟通

ESG 理念自提出以来，以其广泛适用性和可量化评估的特质，重塑了商界的价值观与生态圈，在世界范围内快速传播应用，成为全球新共识。同时，ESG 也是与政府沟通面向政策指引的可持续承诺与实践的信息桥梁。

在政府关系层面，在经历几十年经济高速增长之后，中国步入发展新时代，高质量发展成为国家发展的新目标。ESG 理念完全符合高质量发展的精神，而践行 ESG 理念对于推动国家实现高质量发展、可持续发展无疑具有非常重要的意义。在这样的大环境下，对于真正有实力践行 ESG 理念的企业而言，无疑充满了机遇。

首先，企业应及时掌握国家战略、相关政策和行业倡议等，积极参与和融入国家可持续发展的各项事务。我国的 ESG 政策起源于环境和社会责任信息的自愿披露，最早可追溯到 2003 年原国家环保总局发布的《关于企业环境信息公开的公告》，要求污染超标企业披露相关环境信息。党的十八大以来，党中央国务院对企业履行社会责任、促进可持续发展非常重视。党的二十大报告中提到的和 ESG 工作相关的内容就有 30 多处，并提出了具体的要求。除此之外，人民银行、证监会、财政部、环保部也纷纷出台相关文件和要求。

特别是近年来，国务院国资委高度重视 ESG 工作，专门成立了社会责任局，出台了一系列政策，推动国有上市公司 ESG 工作，深化对 ESG 工作的研究探索和监督管理，同时开展了一系列课题研究，支持举办有关论坛和培训活动，对于推动企业的 ESG 工作发挥了积极的作用。2023 年 7 月 25 日，国资委办公厅发布通知，要求央企在 2023 年年底前要力争实现上市公司 ESG 专项报告披露"全覆盖"。

对于企业来说，应积极响应国家政策号召，并按照相关政策的要求和指引，深化践行 ESG 理念，积极参与到国家高质量发展的新征程中。

其次，企业在把握政府政策、政府会议、行业协会联盟倡议、智库调查研究等资源机会的同时，要结合企业自身特色创造机会，邀请相关方参与自身 ESG 实践活动，努力获得新的发展机会。

最后，在掌握政府相关政策的同时，企业也必须注意到，当前无论政府、市场还是投资者都对企业的治理水平提出了更高的要求。

8.4.2　与公众沟通

优秀的 ESG 信息披露与传播不仅仅是相关信息的发布，而是积极主动地向公众及利益相关者传达企业价值观，公布企业 ESG 战略目标、计划、实践及取得的绩效，从而获得公众及员工、合作伙伴等利益相关者的认可与支持。

与公众沟通企业的 ESG 实践不仅限于每年发布 ESG 报告或可持续发展报告，而是应该渗透落实到企业的日常管理运营当中，成为企业的重要话题输出。通过各种平台与渠道对外传播，为企业品牌力注入强 ESG 基因，最终帮助企业强化在产业链上下游、利益相关方及服务受众中的声誉与认可。同时，与公众沟通企业的 ESG 实践并不止于展现其优秀的"成绩单"，而是通过各种平台与渠道建立全盘的传播机制来阐述 ESG 相关的企业实践、长期战略目标与计划，并通过多种形式的宣传扩大传播范围，从多个角度体现企业 ESG 实践内容及效果。通过对企业 ESG 披露或宣传，来进一步增强企业的声誉以及品牌影响力。

目前，不少企业已经积极探索如何更有效地将 ESG 融入各业务模块，并与公众分享企业在 ESG 实践中取得的成果。例如，中国平安在日常运营中加强了重大 ESG 议题的管理与履行，将 ESG 的九大核心议题全面融入企业管理中，将可持续发展核心议题分为三大板块——内部管治、可持续业务整合、社区与环境。九大核心议题为：商业守则、责任投资、可持续保险、信息安全和人工智能治理、产品责任和客户保护、可持续供应链、员工及代理人发展与保障、绿色发展与运营、社区影响力。同时，在与公众沟通方面，中国平安不仅连续 14 年披露 ESG 及可持续发展信息，每年更新、持续完善 ESG 议题的识别与重大性判定流程，同时也通过"内容＋数据"的形式温情讲述了属于平安的 ESG 故事，向公众传递中国平安的 ESG 实践效果，进一步增强企业的声誉以及影响力。例如，中国平安开展的三村智慧扶贫工程是企业充分利用自身资源和科技优势，于 2018 年年初，即集团成立 30 周年之际，正式启动的扶贫工程，以"智慧扶贫"为核心面向"村官、村医、村教"三个方向，在产业、健康、教育等关键领域上助力贫困地区，全力实现贫有所助、病有所医、学有所教。村官工程的目标是帮助乡村产业升级。平安集团及平安银行已为内蒙古、贵州等多个省市或地区累计提供扶贫资金 157.45 亿元，带动数十万贫困人口加速脱贫。村医工程的目标是帮助打造健康乡村。截至 2019 年年末，累计帮助乡村升级卫生所 949 所，培训村医 11175 人，购置多台移动医疗设备，组织名医专家，深入贫困地区一线开展村民体检义诊活动。村教工程的目标是帮助村娃享受智慧教育。平安以云技术为桥梁，建成"双师课堂"平台，将城市优质教育资源引入贫困地区。平安挂牌的智慧小学现有 1054 所，培训村小教师 11826 名。平安集团的这些举措体现出企业已经将 ESG 理念扎实推进到具体实践中，并获得了良好的成效。通过与公众沟通和分享这些 ESG 实践举措，潜移默化地提升了企业在公众心目中的声誉及影响力。

8.4.3　与媒体沟通

与媒体建立良好的沟通机制对于企业 ESG 信息披露具有重要的影响。一方面，企业的 ESG 信息披露可以吸引媒体，促使媒体对企业进行更多的报道和宣传。媒体对于企业的 ESG 表现进行报道和分析，可以让公众更加全面地了解企业在环保和社会责任等方面的表现，有助于提高企业的透明度和公信力。另一方面，媒体也可以反过来促进企业更好地进行 ESG 信息披露。媒体和公众的监督能促使企业更加关注环境、社会和治理方面的问题，不断完善 ESG 信息披露机制，提高企业 ESG 信息披露的质量，从而形成良性循环。

例如，2022 年植树节前夕，中信银行信用卡推出国内银行业首个面向消费端低碳生活研究报告《低碳生活绿皮书》。同年 4 月 22 日，以世界地球日为契机，中信银行信用卡举办"绿色启程低碳新未来——中信碳账户·云端发布会"，邀请来自政府、行业协会以及多家媒体参加，共同见证"中信碳账户"正式上线、"绿·信·汇"低碳生态平台正式启动，发挥联盟效应。从传播效果上看，通过媒体的积极参与，全网累计正面报道突破 3000 篇，更沉淀了千万级微博互动话题 # 低碳生活你心里有数了吗 #，得到了行业和消费者的充分认可。从转化实效上看，"中信碳账户"注册用户数已达到 40

万，累计在线金融场景减少二氧化碳排放量超过 200 吨，且得到深圳市政府、深圳市金融局、深圳市银保监局的大力支持，以深圳作为试点，与深圳生态环境局、深圳绿金委、深圳排放权交易所开展深入合作，共同打造绿色发展的深圳样板，未来将推向全国各城市。

8.4.4　与研究机构沟通

对于企业来说，与研究机构开展多方面合作有助于发挥各方优势，更好地提升企业 ESG 实践的价值。企业可以通过"企业＋智库"方式，整合高校专家、专业机构和上市公司资源，搭建 ESG 合作平台，建立各方的 ESG 协同合作机制。ESG 合作平台可以为专家提供 ESG 观点表达，为专业机构提供 ESG 成果展示，为上市公司提供 ESG 需求对接平台。合作平台的搭建为企业进一步探索合作内容、合作路径以及提升合作价值等奠定了良好的基础。对于企业来说，与研究机构的合作可以通过多种形式，例如合作开发 ESG 案例、撰写 ESG 成果报告、共同举办 ESG 相关论坛、出版 ESG 相关书籍等。企业与研究机构的合作一方面能够通过多种形式更好地展示企业的 ESG 实践成果；另一方面也可以发挥研究机构的优势，对企业 ESG 实践中亟须解决的问题开展深入的分析并提出行之有效的解决措施，进一步提升企业 ESG 实践效果。

例如，第一创业证券股份有限公司是金融领域较早开展 ESG 实践的企业。公司党委书记钱龙海先生到哈佛大学参加高级领导力倡议项目时，选择 ESG 作为自己的研究课题，并进行了系统研究。2019 年，钱龙海先生在全公司展开 ESG 相关培训和推广，开始了 ESG 的探索和实践。为了进一步提升公司的 ESG 实践价值，2020 年 7 月，第一创业证券股份有限公司、盈富泰克创业投资有限公司等机构与首都经济贸易大学联合发起成立了首都经济贸易大学中国 ESG 研究院。研究院的使命是推动 ESG 生态系统建设，促进经济高质量发展，并致力于为政产学研领域专家学者提供对话交流平台，为 ESG 生态系统建设出谋划策。中国 ESG 研究院的成立为企业和高校及相关研究机构搭建了良好的合作平台。研究院在 ESG 理论、ESG 标准国际比较、ESG 评价和人才培养等方面取得了丰硕的成果，这些成果对于企业开展 ESG 实践以及进一步提升 ESG 价值都提供了很好的参考。2020 年 9 月 4 日，第一创业证券股份有限公司与首都经济贸易大学又签署了《ESG 研究与应用合作协议》。2021 年，双方合作撰写的第一创业 ESG 优秀企业实践案例入编《中国 ESG 发展报告 2021》。第一创业证券股份有限公司与中国 ESG 研究院的合作不仅宣传了第一创业的 ESG 实践成果，同时也为行业内其他企业的 ESG 探索提供了有价值的参考。

第 9 章 案例：第一创业的 ESG 战略规划与实施

第一创业证券股份有限公司（以下简称"第一创业"）系经中国证监会批准设立的综合类证券公司，总部设在深圳。1996 年，收购佛山证券，公司开始积极寻求进入资本市场。2016 年 5 月 11 日，公司在深圳证券交易所上市交易。公司围绕"成为有固定收益特色的、以资产管理业务为核心的证券公司"这一战略目标，持续聚焦公司战略，紧紧围绕"以客户为中心"的经营理念，追求负责任的可持续创新发展。

2019 年 12 月，第一创业首次引入了 ESG 的战略理念。2020 年，第一创业正式将公司愿景修订为"追求可持续发展，做受人尊敬的一流投资银行"，开始着手 ESG 治理体系建设。同年 7 月，第一创业正式加入联合国负责任投资原则组织（UNPRI），是国内首家签署负责任投资原则的证券公司。2021 年 3 月 30 日，第一创业披露《2020 年度社会责任及 ESG 履行情况报告》，首次对 ESG 履行情况进行合并披露，也成为国内首家支持并在披露中落实 TCFD 信息披露建议的证券公司。

凭借在 ESG 方面的卓越表现，2021 年第一创业首次入选恒生 A 股可持续发展企业基准指数 (HSCASUSB) 成分股。根据"香港品质保证局—恒生指数可持续发展评级与研究企业可持续发展绩效报告摘要 2021—2022"，公司"在行业中获最佳得分"，被纳入恒生 A 股可持续发展企业基准指数成分股，意味着第一创业 ESG 实践获得权威指数编制机构认可。可以说，在大环境还没有形成 ESG 制度压力的时候，第一创业就主动将企业的发展战略调整为与 ESG 可持续发展相契合的发展战略，并通过与企业管理过程、业务活动的深度融合，实现了经济价值与社会价值的双赢，获得了可持续发展。

9.1　第一创业 ESG 理念的形成

9.1.1　基因：负责任和勇当第一

第一创业刚接手佛山证券时，只有二十多人，一个营业厅和资金部，主要从事资金拆借业务。在成长为投资银行的过程中，公司困难重重，几入绝境。当时的金融市场带给第一创业的不仅是发展的机会，更裹挟着巨大的诱惑。"那些年，中国经济快速成长，金融市场还不健全，对投资银行来说，想要投资高回报的企业，赚快钱搞投机，机会可以说是随时都有，野蛮生长随处可见。第一创业面对的就是这样的生存环境。但是，高回报就会有高风险。搞投机，赚快钱，看上去投资收益极为可观，但不可持续，甚至风险更大，更有可能导致投资失败。而且，这是对企业的不负责、对投资者的不负责。第一创业要做的是'资金需求者和供应者的桥梁'，所以这种高风险的投资，第一创业坚决不能做。"

因此，2002 年第一创业投资业务步入正轨之初，就明确提出公司的发展愿景：追求可持续发展，打造具有独特经营模式，业绩优良，富于核心竞争力的一流投资银行，做对市场负责任的金融机构。首先，对企业负责。不盲目地支持企业的融资需求，而是负责任地给企业恰当的融资建议。帮助被投资企业有效规避短视行为，健康发展。其次，作为持牌金融机构，第一创业积极履行社会责任，服务实体经济，引导金融资源投资于符合国家发展规划、符合可持续发展经济要求、符合国家支持政策、企业具备持续成长能力的项目。

从那时起，第一创业就坚守可持续、负责任的愿景，不为蝇头小利失去方向。将投资银行业务聚焦于：通过并购重组助力产业龙头扩大产业优势，推动产业升级；为新经济、新动能、新产业提供高效的低成本融资服务，支持中国经济转型升级，实现高质量发展；发挥资产信用优势，大力推动资产证券化业务，助力实体经济盘活存量，拓宽直接融资渠道；拓展债券融资支持工具，帮助企业走出流动性困境。在随后的几年内，公司获得了高品质发展[⊖]。

与此同时，第一创业也将追求"第一"的信念明确为公司的核心价值观——"诚信、进取、创新"。公司的核心价值观有力地支持了第一创业持续不断的创新探索。只要符合公司的发展理念，有利于促进金融市场的成熟、有利于满足客户有效资金需求且对国家经济发展有利的新兴事物，第一创业都勇于尝试。如此成就了第一创业的无数个第一[⊜]。如今，在国内130余家证券公司中，拥有银行间市场全牌照业务资质的证券公司不超过10家，第一创业正是其中之一。"虽然在资产规模、资本实力、营业部数量上，深圳的十几家券商中我们并不占优，但我们清晰的战略定位，特色的公司经营，积极的作为，获得了社会的认可。"[⊝]

⊖ 2006年，第一创业获评《新财富》杂志"中国最受尊敬的投行十佳"之一；2007年，第一创业的投行业务收入稳定排在了全国的前二十；2007年，第一创业获创新试点类券商资格，成为首批29家创新试点类券商之一；2010年，第一创业获年度银行间本币市场最活跃证券公司称号；2020年，第一创业子公司专户管理月均规模排名市场第一；2021年，第一创业被纳入恒生A股可持续发展企业基准指数成分股。

⊜ 第一创业是深交所第一个认沽权证、中小板第一股"新和成"的保荐机构；第一家实现集中交易的证券公司；第一家探索集合理财资产管理的证券公司；第一批参与国家首批基础设施公募REITs项目的机构，发行全国首单知识产权资产证券化标准化产品文科一期ABS；深交所第一个分离交易可转债；第一个银行间市场资产抵押式债券；第一个海域使用权抵押债券；第一个垃圾债券"福禧债"的第一笔交易者。

⊝ 资料来源：2021年5月，第一创业上市5周年纪念活动启动仪式上钱龙海总裁的讲话。

9.1.2　ESG 理念缘起

作为一个负责任的企业，必须考虑到利益相关者的利益平衡。作为一个企业家，不能只从个体的视角出发考虑问题。社会责任必然成为第一创业可持续发展的应有之义。

支持国家经济建设的初心始终促使第一创业不断地思考什么才是"负责任的企业"。企业始终认为负责任的金融机构，不仅要负责任地开展业务，也要承担社会责任。第一创业的责任，在国家飞速发展时期是支持企业迅速成长。现在，国家要调整经济结构追求可持续发展，作为资金支持者，投资银行应要担当引领作用。金融企业的社会责任不是简单的慈善捐款，而应是实实在在地为促进社会可持续发展做出贡献。然而，第一创业该做些什么，又该如何做呢？

在梳理了国际上各先进国家的做法后，ESG 这个概念进入了第一创业的视野。第一创业的高管们都认识到 ESG 理念和体系可以支持金融机构本身的可持续发展，同时也能让金融机构更好地发挥资本中介的作用，主动引导社会向可持续方向发展。这让第一创业的"负责任"找到了方向。

"ESG，第一创业要先行。"要将 ESG 理念纳入第一创业的管理当中，引领 ESG 在证券行业践行的风气之先，这不仅是政治、经济、科技、社会发展大势使然，是新时代第一创业的发展使然，更是第一创业发展基因使然。为此，第一创业率先在证券行业引入了 ESG 体系，将 ESG 作为第一创业实现可持续发展的发展战略。

9.2　ESG 战略规划

9.2.1　顶层设计：ESG 战略

明确了公司未来的发展方向，第一创业开始着手实践 ESG 理念。刘学民和钱龙海始终认为，企业发展依赖正确的战略，发展理念的重新梳理更需要战略层面的全方位支持。发展理念体现了企业发展的使命感和方向性。ESG 理念要想在第一创业生根发芽，就必须融入公司发展战略，成为企业"应该是什么"的答案。2020 年，第一创业正式将公司愿景修订为"追求可持续发展，做受人尊敬的一流投资银行"。"受人尊敬"一词承担着第一创业对 ESG 发展战略的最高期许，是第一创业愿景的基本价值观和核心信仰。

9.2.2 抓手：ESG 实质性议题

作为 ESG 战略的总负责人，钱龙海做了大量的工作。甫一回国，钱龙海就主持了多场公司范围内的 ESG 专题培训，与公司高层和员工们分享自己的访学见闻和对美国资产管理行业的考察心得，并介绍了 ESG 投资的原理及在欧美市场的实践情况、案例等。如此一来，ESG 理念在第一创业深入人心。但如何与自己的工作相结合，大家还是一头雾水。钱龙海明白，没有实质性的具体指标，一切理念都是空谈。ESG 的理念要融入员工的工作，就必须将其指标化。为此，钱龙海带领 ESG 研究员分析联合国可持续发展目标、国内经济转型趋势及可持续金融发展趋势，参考 GRI 标准、SASB 准则等国际 ESG 标准，结合国内政策现状，深入研究如何将 ESG 纳入公司战略的方案。

在高管、ESG 研究员、组织管理层、部门负责人反复讨论与沟通后认为，对于一家金融企业来说，既不"高污染"也不"高耗能"，对环境（E）的责任应该体现在减少金融活动对环境的不利影响，包括内部的绿色运营和外部的环境保护。对于社会（S），企业可做的事情有很多，包括保证成员的健康和社会的福祉，关注利益相关者的期望，促进企业价值网各环节的协调发展。最后，在治理（G）方面，作为金融行业的上市公司，企业要确立经营中实行的管理和控制系统的有效规范。涉及批准战略方向、监视和评价高层领导绩效、财务审计、风险管理、信息披露等活动。

随着公司上下对 ESG 的理解慢慢加深，大家逐渐发现承担 ESG 责任是可以与公司业务中资源配置功能和市场化框架有机结合的：ESG 理念可以引导与优化资源配置的方向，让企业在承担社会责任的同时也获得经济绩效的成长，实现义利并举。基于这样的认识，第一创业开始结合已有标准和自身特色设计承担 ESG 责任的实质性议题。公司员工都积极参与进来，群策群力，集思广益。例如，供应链管理议题在国际 ESG 标准中较少进入投行经济类的行业指标，所以一开始公司并没有把它纳入实质性议题列表。但信息技术中心提出，"信息技术中心办公软硬件的采购涉及非常大的采购成本，这与供应链管理相关，对公司也非常重要，应该纳入 ESG 实质性议题中。"沿循着这个思路，公司又考虑到行政管理与大厦运营部负责办公用品的采购，也会体现绿色运营与否。最终，公司把"供应链管理"加入实质性议题。经过近半年的反复研讨，第一创业最终确立了 20 大实质性议题（见表 9-1）。

表 9-1　第一创业 ESG 实质性议题分类

分类	议题名称
经济类议题	经济绩效、ESG 投资策略、产品与服务设计
环境类议题	绿色运营、金融活动产生的环境影响
社会类议题	公平雇用行为、员工平等与多元化、员工培训与教育、职业健康与安全、道德和诚信、反腐败、预防金融犯罪、营销信息合规、数据治理、网络信息安全、乡村振兴、抗疫责任
治理类议题	公司治理、ESG 风险管理、供应链管理

9.2.3　支撑：ESG 治理体系

有了实质性议题就有了 ESG 战略的目标体系。接下来就要配以恰当的组织结构支持。为此，第一创业开始着手构建自身的 ESG 治理体系。第一创业有两方面的考量：一方面，作为上市公司，如何能够更有效地运用 ESG 理念提升企业管理效率，保证企业的可持续发展；另一方面，作为投资银行与资产管理机构，如何落实负责任投资，履行社会责任。这都离不开 ESG

责任和业务发展、企业管理之间的深度融合。经历了数月打磨，公司将 ESG 治理体系设计为四个部分：ESG 治理、ESG 投资、ESG 风险管理、ESG 信息披露（见图 9-1），并于 2021 年 6 月公司第三届董事会第 22 次会议上正式决议：第一创业将全面推进 ESG 治理体系建设，深入落实 ESG 实质性议题。

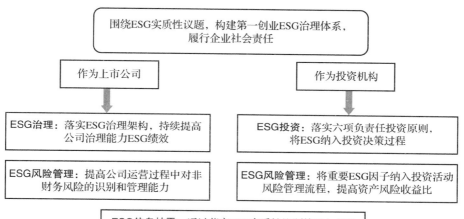

图 9-1　第一创业 ESG 治理体系

9.2.4　保障：ESG 培训

首先，全方位宣传培训。在各种场合下对公司员工、特别是总监以上的高管进行 ESG 理念培训宣讲，让第一创业全体员工系统了解 ESG 的由来、发展、理念、发展趋势，以及与第一创业发展的关系。通过培训，ESG 理念获得了全体员工的高度认同。

其次，与具体工作相结合。"干中学"一直是组织学习中的有效手段。第一创业作为一家投资银行，风险管理是重中之重。对投资部门的负责人，利用 ESG 风险控制的优势引导他们学习、认可并利用 ESG 理念进行产品设计、风险控制是一个很好的切入点。因此，钱龙海又重点对旗下的公募基金进行了多次培训，ESG 理念获得了投资业务的认同。

"借助 ESG 工具，管理好 ESG 风险，提高投资回报。这是很有价值的，所以 ESG 不仅仅是一个道德投资，对我们公司控制风险，提高投资能力，为客户创造价值，是有好处的，所以，这是一个有价值的东西。"

在经过了几轮的培训、宣讲之后，公司内部对 ESG 的理解慢慢加深，大家逐渐认识到 ESG 与资本市场现有的资源配置功能和市场化框架结合，可以进一步引导与优化资源配置的方向，实现义利并举。

共识已经形成，思想基础已经筑好，第一创业开始实质性进入 ESG 治理体系的建设工作之中。

9.3　ESG 战略实施

2021 年 6 月的董事会决议正式开启了第一创业的 ESG 体系化实践。在 ESG 治理体系的框架下，第一创业在治理体系、投资、风险管理、信息披露上都依据公司确立的实质性议题进行了积极尝试。

9.3.1　ESG 治理体系

1. 组织结构保障

正如公司发展之初第一创业了解战略对企业发展的意义一样，如今第一创业也明确认为，调整公司理念的顺利与否，ESG 治理体系落地的顺利与否，依赖于是否有一个高效的战略实施过程。首要任务就是构建恰当的组织结构。为此，第一创业明确以公司董事会为最高管理机构；公司经营管理层在董事会领导下负责相关事项的组织与执行；监事会作为内部监督机构监督 ESG 治理体系的落实；相关部门、各分支机构及子公司负责 ESG 议题的具体落实。此外，公司还专门成立公司经营管理层贯彻落实公司董事会 ESG 战略的执行和议事机构——ESG 委员会，从管理架构上保证 ESG 治理体系的落实。公司总裁王芳、党委书记钱龙海担任主任委员，委员包含业务线最高负责人、首席风险官、董事会秘书等各部门。接下来，由 ESG 委员会将

ESG具体责任落实到各部门（见图9-2）。

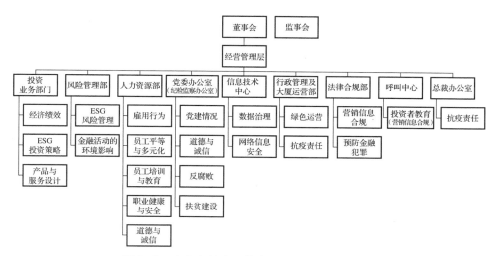

图9-2 确立和落实具体实质性议题的相关部门

2. 多部门合作

为了更准确地界定每个工作岗位的ESG责任，ESG委员会梳理了公司的组织结构和工作岗位职责，与各部门达成共识后确立了ESG实质性议题在各部门的具体要求，并纳入KPI考评体系中。这个过程繁复庞杂。实质性议题有可能由单一部门负责，但更多地与多个部门相关。例如职业安全与健康，涉及员工的健康管理和健康保障，这牵涉到人力资源部与行政管理部门。为此，ESG委员会鼓励各部门共同协商，最终规划了每个实质性议题在具体实施时的管理内容与过程（见表9-2）。

表9-2 实质性议题实施管理内容与过程

序号	内容
1	实施管理方法的目的（促进正面影响 / 避免或减轻负面影响）
2	制度 / 政策
3	工作承诺
4	工作目标
5	执行部门

（续）

序号	内容
6	为管理该议题而分配的资源预算以及分配理由
7	具体项目与流程
8	信息披露指标
9	外部基准对照（参考MSCI建议及同行最佳做法）
10	利益相关者反馈（信息披露等利益相关者沟通渠道）

随着工作的深入，第一创业的各个部门开始逐渐理解ESG实质性议题对本职工作的积极影响，开始主动思考如何确立本部门的实质性议题。例如投资部，会主动跨部门寻找帮助，与多部门共同讨论如何从ESG定义出发制定投资策略。

3. 促进管理、业务与ESG的有机融合

各部门开始主动以ESG战略为出发点确立自己的本职工作。这让ESG委员会信心倍增，开始探讨如何更深入地将ESG理念与企业原有管理模式和业务内容相融合。那么，从哪里入手呢？

在第一创业，对员工的重视贯穿了企业发展的全过程。相关措施比比皆是。早在2002年，公司没为高管配车，但却花费大笔租金租用专车负责公司员工出差接送。第一创业是最早一批在公司启动职业年金的金融公司⊖，也是最早推行MD职级体系的证券公司；第一创业下设的公募基金也是最早成立时即采用员工合伙制的公募基金公司。

现在第一创业更是将ESG理念融入人力资源日常管理当中。从2020年开始，公司携子公司创金合信基金在阿拉善共同捐资认养200亩公益纪念林，并将其作为教育基地。作为奖励，每年的"海之星"⊜都会参加阿拉善公

⊖ 2006年公司建立企业年金制度，鼓励员工为公司持续服务，员工与公司共同成长。

⊜ 为了支撑鼓励创新、强化文化、增强组织凝聚力，公司明确提出建立"开放、创新、包容、协作"的海洋（企业）文化。因此，第一创业的优秀员工被称为"海之星"。

益林的植树活动，一方面践行了公司的环境保护责任；另一方面对员工 ESG 理念的提升也发挥了很好的促进作用。

同样，业务活动与 ESG 活动的融合也发生在扶贫议题和公益慈善议题中。面对扶贫任务，第一创业充分发挥了投资银行的专业优势，让扶贫工作脱离了简单的"授人以鱼"。公司大力支持贫困县企业在"新三板"挂牌。如今公司结对帮扶的湖南岳阳平江县、河南信阳淮滨县、安徽阜阳颍上县、贵州黔东南州锦屏县均通过国家验收，摘掉贫困的帽子，走上乡村振兴发展之路。除此之外，第一创业还加大了在贫困地区教育上的投入，迄今为止已建成 10 家"梦想教室"。当然，"梦想教室"的建设也离不开员工的积极参与，这又是对企业员工建设的反哺。

在公益慈善方面，第一创业也尽可能地发挥金融机构的特色，让将慈善帮扶公益慈善资金发挥更大的作用。公司是深圳众多证券公司中唯一一家以捐赠深圳市金融素养提升公益基金的方式切实推进"深圳市居民金融素养提升工程"的券商。2020 年疫情发生后，公司充分发挥"有固定收益特色"的金融服务能力，助力东阳光、欣旺达、华创证券等多家企业发行疫情防控债，销售抗疫债超过 70 亿元，为抗击疫情及复工复产提供保障。

总之，第一创业在实践中发现，ESG 的治理行为其实不是孤立的，它们与公司的其他管理行为互动共生，形成有机整体。第一创业的 ESG 行动不再是企业额外的负担，而是经由实质性议题成了企业成长中的有机组成部分。

4. ESG 信息披露

为了更好地完善 ESG 信息收集、校验、披露流程，展示第一创业 ESG 履责成果，增强投资者信心，获得社会的认可，公司还通过信息披露积极与利益相关者沟通企业社会责任履行情况，提高外部机构对公司的 ESG 评级。结合 ESG 实质性议题列表，建立每项议题对应的政策内容、绩效指标与绩效目标，参考国际通用 ESG 披露标准进行 ESG 信息披露，促进利益相关者沟通，获得利益相关者的认可。

2020年11月首次在《2020社会责任及ESG报告》中落实了TCFD信息披露建议，成为国内首家支持并在披露中落实TCFD（气候相关财务信息披露工作组）信息披露建议的证券公司。2021年3月30日，第一创业披露《2020年度社会责任及ESG履行情况报告》，首次对ESG履行情况进行合并披露，也成为国内首家支持并在披露中落实TCFD信息披露建议的证券公司。同时，公司于2020年开始每天发布《ESG责任报告》。

与此同时，第一创业也在采用各种形式积极与社会沟通。在第一创业构建ESG管理框架，仅仅是一家企业的成功。"只有市场中所有的主体都认可了ESG理念，可持续发展理念才能真正落地。"第一创业接受ESG仅仅是万里长征走完了第一步，在推动ESG理念落地这件事上应该承担更多的引领责任。2020年7月20日，以第一创业为首的有识之士与首都经济贸易大学合作，共同成立了中国第一家以"中国"命名的ESG研究院——中国ESG研究院。研究院将"以ESG引领中国企业高质量可持续发展"作为发展使命。2022年4月，中国ESG研究院首次推出ESG评价指标的团体标准，为承担社会责任，引领推动社会ESG发展贡献自己的力量。

9.3.2　ESG的共享价值创造

第一创业的ESG战略不仅是在治理体系上将ESG融入企业的管理过程中，更是实现了社会价值和经济价值的共享价值创造。主要体现在第一创业的两个主要业务领域。

1. ESG投资

依据公司确立的ESG实质性议题，负责任投资始终是第一创业践行ESG战略的重要部分。2020年7月第一创业正式加入联合国负责任投资原则组织（UN PRI），是国内首家签署负责任投资原则的证券公司。公司积极将ESG因素纳入投资决策和业务运营中，逐渐扩大ESG因素纳入考量的资产规模。为此公司做了各种努力：

首先，公司发起成立第一创业 ESG 整合债券系列资产管理计划，积极打造以 ESG 整合策略为理念的资产管理品牌，提升投资组合的风险收益比，为客户创造价值（见图 9-3）。创金合信[⊖]发起设立多只 ESG 主题的主动管理型权益基金，运用 ESG 主题法与负面筛选法，投资于气候变化、新能源新材料、新能源汽车等 ESG 主题相关的优质资产。

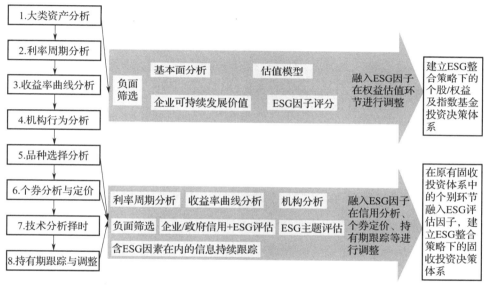

图 9-3 纳入 ESG 因素的券商资管自上而下投资分析体系[⊖]

其次，在私募股权投资业务方面，一创投资[⊜]重视产生积极、可衡量的环境社会影响的行业投资，规避高能耗、高污染以及涉及违法违规的相关行业，将高端装备制造、生命健康、新一代信息技术与环保和新能源行业作为重点关注行业。

再次，在投资银行业务方面，第一创业也积极作为。在第一创业的支持

⊖ 创金合信为第一创业基金子公司。

⊜ 数据来源：第一创业内部资料。

⊜ 一创投资为第一创业私募股权基金管理子公司。

下，资本市场第一单"碳中和"概念的绿色车贷 ABS 项目发行成功⊖，首批公募 REITs 中唯———单污水处理特许经营权类的基础设施公募 REITs——首创水务 REITs 发行成功。

总之，第一创业通过种种方式积极有效引导公司的投资方向，促进更多资源投向于 ESG 领域。2020 年，公司荣获《上海证券报》2020 上市公司"金质量·公司治理奖"。2021 年，更是凭借在 ESG 方面的卓越表现首次入选恒生 A 股可持续发展企业基准指数成分股。

2. ESG 风险管理

ESG 委员会还关注到，风险管控在金融公司一直都是重中之重，ESG 风险管理更将风险的范围扩大到对环境的影响。为此，第一创业坚决将 ESG 因素纳入风险评估和管理，强化风险管理能力，结合非财务信息弥补传统风险评估体系不足，完善和优化风险管理体系。公司会支持由金融稳定理事会（FSB）设立的气候相关财务信息披露工作组（TCFD）建议，结合《深圳经济特区绿色金融条例》的要求，主动对环境气候相关风险进行管理。不仅如此，在信用风险评估中公司还会结合碳排放的国家认定对被评估行业或主体进行控制，并据此判断是否将其设定为鼓励投资的主体。而且，为了更好地实现 ESG 风险管理，第一创业还积极搭建与 ESG 相结合的内部信用评级体系。第一创业城投债 ESG 整合评估指标体系就是基于这个理念构建的。

第一创业的城投债业务占整个信用债投资 90% 左右。但在进行债券评价分级时，原有分析框架更多地参照债券分析传统框架，财务指标占比相对较高。但是从第一创业投资实践过程中发现，城投债中产能过剩基本上是没有的。单纯地依靠财务指标，对未来估值走势的预判性可能并不是很强。很多城投区域，只参考财务指标这样的传统框架，很难看出未来的估值风险。这就造成不同地区的城投债的利差走势分化是非常严重的。而在引入了 ESG

⊖ 第一创业作为承销团成员，协助上海汽车集团财务有限责任公司成功完成"上和 2021 年第一期绿色个人汽车抵押贷款资产支持证券"的发行工作。

理念之后，在做搭建整合体系的时候，从传统财务指标上加上 ESG 的非财务指标的评价维度，两个维度相结合，可以更具前瞻性地发现一些市场投资机会。

基于 ESG 理念框架，第一创业认为，城投的本质并不是一个以盈利为目的的自主经营的法人企业，它更多地承担着政府融资平台的功能，公益属性非常强。其债券目的主要是区域的建设和发展。因此，评价城投更多应该从城投对区域贡献的角度，以及其所在区域可持续发展能力的角度，来判断城投平台到底有没有投资价值。所以，最终第一创业放弃了直接使用中债的 ESG 评估数据库，转而自己开发设计了更符合城投 ESG 理念的评价体系。例如，城投债筛选标准中加入区域层级，就是从 ESG 的角度对区域进行筛选，选出一些重点的性价比较高的区域，然后再在这些区域内进行精选。

9.4 结论

通过对第一创业 ESG 实践的案例分析，可以为企业有效实践 ESG 凝练出以下几个关键要素：

首先，全员 ESG 共识是基础。ESG 理念必须要与公司的发展理念、使命愿景相一致。从战略的高度保证 ESG 可持续发展理念成为公司的统一认知和行动指南。这个过程需要公司自上而下的理念引导，并且应该由公司的最高层身体力行，才能达到全员积极响应的结果。

其次，ESG 治理体系是抓手。治理体系与实质性议题为公司的 ESG 实践提供了可操作的内容，让每一位参与的员工都能够从中明确知道 ESG 实践与自己的关系是怎样的，该如何调整。加上高层管理者的引领，员工就会有的放矢，真正将 ESG 融入公司的每一项活动当中。

再次，组织结构、管理支持是制度保障。通过构建 ESG 专门机构，一方面从理念上进一步让员工认识到 ESG 实践的势在必行；另一方面，纳入管理、考核体系，让所有的 ESG 活动都有迹可循，可以评价，形成闭环，从而有效对公司的 ESG 实践加以控制和优化。

最后，与业务的价值共创是关键。ESG 实践只有实现了公司经济价值与社会价值的共同发展，企业才会更为积极主动地推动 ESG 发展。当然，与业务的融合需要企业根据实际情况主动创新。此时公司的任何业务活动都自然而然地体现了其社会价值，达到真正融合。

步入 ESG 时代，绿色转型势在必行。企业必须要转变原有的思维方式，要将社会价值融入企业战略之中，才可能获得可持续发展。而 ESG 理念可以很好地支持企业的绿色转型诉求，帮助企业同时获得社会价值与经济价值。企业不仅应该将 ESG 视为应当遵循和贯彻的管理和运营原则，更应该成为企业战略的核心。企业有效的 ESG 实践依赖于共同价值理念、管理支持系统、治理体系到位、业务创新融合这四个关键要素的共同作用。

参考文献

［1］操群，许骞.金融"环境、社会和治理"（ESG）体系构建研究［J］.金融监管研究，2019（4）：95-111.

［2］曹国俊.金融机构 ESG 鉴证：现实需要、国际借鉴与框架构想［J］.西南金融，2022，496（11）：57-71.

［3］陈若鸿，赵雪延，金华.企业 ESG 表现对其融资成本的影响［J］.科学决策，2022，304（11）：24-40.

［4］陈幼红.提升企业绩效反馈效果的应对措施［J］.现代企业，2022（12）：48-50.

［5］邓少军，芮明杰，赵付春.组织响应制度复杂性：分析框架与研究模型［J］.外国经济与管理，2018，40（8）：3-16.

［6］翟悦彤，郝佳旗.浅析符合中国市场特质的 ESG 投资策略［J］.全国流通经济，2022，（27）：80-83.

［7］丁瑞莲.国外伦理投资的实践与启示［J］.生产力研究，2006（11）：158-159，165.

［8］董梅香，朱紫阳.360 度反馈评价法在高校图书馆学生助理绩效评价中的应用研究［J］.江苏科技信息，2020，37（3）：33-36.

［9］高树明.企业并购决策体系的构建与实践［J］.上海化工，2020，45（3）：62-67.

［10］郝颖.ESG 理念下的企业价值创造与重塑［J］.财会月刊，2023，44（1）：20-25.

［11］何立峰.高质量发展是全面建设社会主义现代化国家的首要任务［J］.宏观经济管理，2022，470（12）：1-4，8.

［12］侯曼，王倩楠，弓嘉悦.企业家精神、组织韧性与中小企业可持续发展——环境不确定性的调节作用［J］.华东经济管理，2022，36（12）：120-128.

［13］黄珺，汪玉荷，韩菲菲，等.ESG 信息披露：内涵辨析、评价方法与作用机制［J］.外国经济与管理，2023，45（6）：3-18.

［14］黄世忠.ESG 理念与公司报告重构［J］.财会月刊，2021（17）：3-10.

［15］黄世忠.ESG 视角下价值创造的三大变革［J］.财务研究，2021（6）：3-14.

［16］金帆，张雪.从财务资本导向到智力资本导向：公司治理范式的演进研究［J］.中国工业经济，2018（1）：156-173.

［17］金宇，王培林，于大智.社会责任承担与企业创新："水到渠成"还是"弄巧成拙"［J］.北京工商大学学报（社会科学版），2021，36（5）：89-101.

［18］李畅.浅议基于平衡计分卡的绩效评价体系［J］.现代商业，2022（26）：156-158.

［19］李诗，黄世忠.从 CSR 到 ESG 的演进——文献回顾与未来展望［J］.财务研究，2022，46（4）：13-25.

［20］李晓蹊，胡杨璘，史伟.我国 ESG 报告顶层制度设计初探［J］.证券市场导报，2022，357（4）：35-44.

［21］刘柏，卢家锐，琚涛.形式主义还是实质主义：ESG 评级软监管下的绿色创新研究［J］.南开管理评论，2023，（5）：1-24.

［22］马险峰，王骏娴，秦二娃.上市公司的 ESG 信披制度［J］.中国金融，2016（16）：33-34.

［23］戚悦，陈慧，陈素波，等.创造社会价值，衡量可持续发展［J］.企业管理，2023，499（3）：26-32.

［24］罗宾斯，库尔特.管理学［M］.13 版.刘刚，程熙镕，梁晗，等译.北京：中国人民大学出版社，2017.

［25］宋锋华."双碳"目标下企业"漂绿"行为的典型风险与治理思路［J］.企业经济，2022，41（3）：5-12，2.

［26］孙新波，张媛，王永霞，等.数字价值创造：研究框架与展望［J］.外国经济与管理，2021，43（10）：35-49.

［27］田雪莹，黄旭，张欢.社会企业价值共创的特征和过程机制——基于携职旅社的案例研究［J］.管理案例研究与评论，2022，15（4）：387-401.

［28］考顿.伦理投资产品的开发［M］.韦正翔，译.北京：中国社会科学出版社，2002：72-74.

［29］王黔，潘景远.ESG 投资的适用策略及决策流程［J］.中国银行业，2019（9）：55-56.

［30］魏泽龙，谷盟.转型情景下企业合法性与绿色绩效的关系研究［J］.管理评论，2015，27（4）：76-84.

［31］吴晨钰，陈诗一.中国特色 ESG 体系下的绿色转型与高质量发展［J］.新金融，2022（4）：8-16.

［32］席龙胜，王岩.企业 ESG 信息披露与股价崩盘风险［J］.经济问题，2022（8）：57-64.

［33］肖红军，郑若娟，李伟阳．企业社会责任的综合价值创造机理研究［J］.中国社会科学院研究生院学报，2014（6）：21-29.

［34］肖红军，阳镇．平台型企业社会责任治理：理论分野与研究展望［J］.西安交通大学学报（社会科学版），2020（1）：57-68.

［35］肖红军．共享价值式企业社会责任范式的反思与超越［J］.管理世界，2020（5）：87-115.

［36］谢红军，吕雪．负责任的国际投资：ESG 与中国 OFDI［J］.经济研究，2022，57（3）：83-99.

［37］杨菁菁，胡锦．ESG 表现对企业绿色创新的影响［J］.环境经济研究，2022，7（2）：66-88.

［38］张炳，毕军，袁增伟，等．企业环境行为：环境政策研究的微观视角［J］.中国人口·资源与环境，2007（3）：40-44.

［39］张慧，黄群慧．ESG 责任投资研究热点与前沿的文献计量分析［J］.科学学与科学技术管理，2022，43（12）：57-75.

［40］张倩，何姝霖，时小贺．企业社会责任对员工组织认同的影响——基于 CSR 归因调节的中介作用模型［J］.管理评论，2015，27（2）：111-119.

［41］张小溪，马宗明．双碳目标下 ESG 与上市公司高质量发展——基于 ESG "101" 框架的实证分析［J］.北京工业大学学报（社会科学版），2022，22（5）：101-122.

［42］赵艳，孙芳．基于碧桂园 ESG 管理实践的价值共创影响机制研究［J］.会计之友，2022，696（24）：49-57.

［43］郑建明，许晨曦."新环保法" 提高了企业环境信息披露质量吗？———项准自然实验［J］.证券市场导报，2018（8）：4-11，28.

［44］周雪光，练宏．中国政府的治理模式：一个 "控制权" 理论［J］.社会学研究，2012，5（69）：69-93.

［45］ATIF M, ALI S. Environmental, social and governance disclosure and default risk［J］. Business Strategy and the Environment, 2021, 30 (8): 3937-3959.

［46］BEERS D, CAPELLARO C. Greenwash［J］. Mother Jones, 1991, 16 (2): 38-43.

［47］BLAKE J, DAVIS K. Norms, values, and sanctions［M］//ROBERT F. Handbook of Modern Sociology.Chicago: Rand McNally, 1964.

［48］BROGI M, LAGASIO V. Environmental,social,and governance and company profitability: are financial intermediaries different? ［J］. Corporate Social Responsibility and Environmental Management,2019, 26 (3): 576-587.

［49］BURKE L, LOGSDON J M. How corporate social responsibility pays off［J］. Long Range

Planning, 1996 (29): 495-502.

[50] BUSCH T, FRIEDE G. The robustness of the corporate social and financial performance relation: a second-order meta-analysis [J]. Corporate Social Responsibility and Environmental Management, 2018, 25 (4): 583-608.

[51] CLARKSON ME. A stakeholder framework for analyzing and evaluating corporate social performance [J]. Academy of Management Review, 1995, 20 (1): 92-117.

[52] THE GLOBAL COMPACT. Who cares wins: Connecting financial markets to a changing world [R]. Working Paper, No.113237. Word Bank Group, 2004.

[53] DI TOMMASO C, THORNTON J. Do ESG scores effect bank risk taking and value? Evidence from European banks [J]. Corporate Social Responsibility and Environmental Management,2020, 27 (5): 2286-2298.

[54] DIMAGGIO P J, POWELL W W. The iron cage revisited: institutional isomorphism and collective rationality in organizational fields [J]. American Sociological Review, 1983, 48 (2): 147-160.

[55] ELKINGTON J. Partnerships from cannibals with forks: the triple bottom line of 21st-century business [J]. Environmental quality management, 1998, 8(1): 37-51.

[56] ENDERLE G, TAVIS L A. A balanced concept of the firm and the measurement of its long-term planning and performance [J]. Journal of Business Ethics, 1998, 17 (11): 1129-1144.

[57] FENG Z F, WU Z H. ESG disclosure, REIT debt financing and firm value [J]. The Journal of Real Estate Finance and Economics, 2023,67: 388-422.

[58] FREEMAN R E. Strategic management: a stakeholder approach [M]. Boston: Pitman, 1984.

[59] FRIEDLAND R, ALFORD R R. Bringing society back in: symbols, practices, and institutional contradictions [M]//POWELL W W, DIMAGGIO P J.The new institutionalism in organizational analysis. Chicago: The University of Chicago Press, 1991: 232-263.

[60] GAREL A, PETIT-ROMEC A. Investor rewards to environmental responsibility: evidence from the COVID-19 crisis [J]. Journal of Corporate Finance, 2021, 68.DOI: 10.1016/j.jcorpfin.2021.101948.

[61] GELB D S, STRAWSER J A. Corporate social responsibility and financial disclosures: An alternative explanation for increased disclosure [J]. Journal of Business Ethics, 2001, 33: 1-13.

[62] GREENWOOD R, RAYNARD M, KODEIH F, et al. Institutional complexity and organizational responses [J]. Academy of Management annals, 2011, 5 (1): 317-371.

[63] HUTTON A P, MARCUS A J, TEHRANIAN H. Opaque financial reports, R2, and crash risk

〔J〕. Journal of Financial Economics, 2009, 94 (1): 67-86.

〔64〕IN S Y, SCHUMACHER K. Carbonwashing: a new type of carbon data-related ESG greenwashing〔R〕.Working Paper.Precourt Institute for Energy, 2021.

〔65〕JAFFE A B, NEWELL R G, STAVINS R N. A tale of two market failures: Technology and environmental policy〔J〕. Ecological economics, 2005, 54 (2-3): 164-174.

〔66〕JIN L, MYERS S C. R2 around the world: New theory and new tests〔J〕. Journal of Financial Economics, 2006, 79 (2): 257-292.

〔67〕KIM Y, PARK M S, WIER B. Is earnings quality associated with corporate social responsibility?〔J〕. The Accounting Review, 2012, 87 (3): 761-796.

〔68〕KÜSKÜ F. From necessity to responsibility: evidence for corporate environmental citizenship activities from a developing country perspective〔J〕. Corporate Social Responsibility and Environmental Management, 2007, 14 (2): 74-87.

〔69〕LANTOS G P. The boundaries of strategic corporate social responsibility〔J〕. Journal of Consumer Marketing, 2001, 18 (7): 595-630.

〔70〕MEYER J W, ROWAN B. Institutionalized organizations: formal structure as myth and ceremony〔J〕. American Journal of Sociology, 1977, 83 (2): 340-363.

〔71〕NAKAJIMA T. ESG Investment〔M〕//NAKAJIMA T, HAMORI S, HE X, et al. ESG investment in the global economy. Springer, 2021:1-19.

〔72〕NORTH D C. Institutions and credible commitment〔J〕.Journal of Institutional and Theoretical Economics, 1993, 149 (1): 11-23.

〔73〕OLIVER C. Strategic responses to institutional processes〔J〕. Academy of Management Review, 1991, 16 (1): 145-179.

〔74〕PACHE A C, SANTO S F. When worlds collide: the internal dynamics of organizational responses to conflicting institutional demands〔J〕. Academy of Management Review, 2010, 35 (3): 455-476.

〔75〕PORTER M E, KRAMER M R. Strategy and society:the link between competitive advantage and corporate social responsibility〔J〕. Harvard Business Review, 2006 (12): 1-15.

〔76〕PORTER M E, KRAMER M R. The big idea: creating shared value. how to reinvent capitalism-and unleash a wave of innovation and growth〔J〕. Harvard Business Review, 2011, 89 (1-2): 62-77.

〔77〕QURESHI M A, KIRKERUD S, THERESA K, et al. The impact of sustainability (environmental, social, and governance) disclosure and board diversity on firm value: the moderating role of industry sensitivity〔J〕. Business Strategy and the Environment, 2020,

29 (3): 1199-1214.

[78] RAIMO N, CARAGNANO A, ZITO M, et al. Extending the benefits of ESG disclosure: the effect on the cost of debt financing [J].Corporate Social Responsibility and Environmental Management,2021, 28 (4): 1412-1421.

[79] REBER B, GOLD A, GOLD S. ESG disclosure and idiosyncratic risk in Initial Public Offerings [J]. Journal of Business Ethics,2022, 179 (3): 867-886.

[80] RUSSO M V, FOUTS P A. A resource-based perspective on corporate environmental performance and profitability [J]. Academy of Management Journal, 1997, 40 (3): 534-559.

[81] SALANCIK G R, PFEFFER J. A social information processing approach to job attitudes and task design [J]. Administrative Science Quarterly, 1978, 23 (2): 224-253.

[82] SAMET M, JARBOUI A. How does corporate social responsibility contribute to investment efficiency? [J]. Journal of Multinational Financial Management, 2017, 40: 33-46.

[83] SAYGILI E, ARSLAN S, BIRKAN A O. ESG practices and corporate financial performance: evidence from BORSA ISTANBUL [J]. Borsa Istanbul Review,2022, 22 (3): 525-533.

[84] SCOTT W R. Institutions and organizations: foundations for organizational science [M]. London: A Sage Publication Series, 1995.

[85] SHELDON O. The philosophy of management [M]. London: Taylor & Francis Group, 1924.

[86] SPARKES R. Ethical investment: whose ethics, which investment? [J]. Business Ethics: A European Review, 2001, 10 (3): 194-205.

[87] SUCHMAN M C. Managing legitimacy: strategic and institutional approaches [J]. Academy of Management Review, 1995, 20 (3): 571-610.

[88] THORNTON P H. Markets from culture: institutional logics and organizational decisions in higher education publishing [M]. New York: Stanford University Press, 2004.

[89] VARGO S L, LUSCH R F. Institutions and axioms: an extension and update of service-dominant logic [J]. Journal of the Academy of Marketing Science, 2016, 44: 5-23.

[90] VIAL G. Understanding digital transformation: a review and a research agenda [J]. The Journal of Strategic Information Systems. 2019, 28 (2): 118-144.

[91] WADDOCK S A, GRAVES S B. The corporate social performance–financial performance link [J]. Strategic Management Journal, 1997, 18 (4): 303-319.

[92] BRUNDTLAND G H.Report of the world commission on environment and development: our common future [M].Oxford: Oxford University Press, 1987.